U0605056

家庭装饰艺术

The Art of Home Decoration

吴天篪　编著

Art

艺术

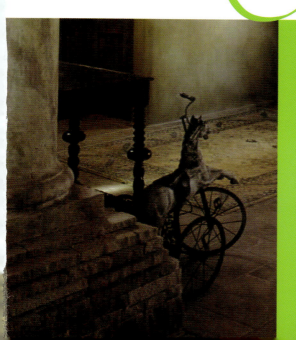

湖南大学出版社

作者简介 Introduction

　　吴天篪（TC吴），美籍华人，1962年出生于江西南昌一个建筑世家。1984年毕业于湖南大学土木系，1997年获得美国加州理工大学（Cal Poly SLO）建筑学硕士学位。

　　吴天篪在美国工作与生活长达15年，深得美国建筑与室内设计理念之精髓，精通欧美家居文化。2004年回国之后，将工作重点放在家庭装饰艺术的理论研究与实用教学之上，以实现"人人都能做自己的家居设计师"为己任。

　　吴天篪定期为美国《今日家具》中文版撰写专栏文章。他编写的专著包括《风格的魅力》与《家庭装饰艺术》。他研发的课程有《欧美装饰艺术》。

　　本书原稿的部分内容曾经刊载在我的网站上面，原本也并没有计划出书。后来随着我在国内相关工作的增加，逐步意识到大众和设计师对于装饰的要素与概念还存在着极大的空白和偏差，这些空白和偏差在很大程度上来自于装饰理论体系的缺失和松散。这激发了我要写一本通俗易懂、简单实用和包罗万象的家庭装饰工具书的想法；我相信通过掌握它，每个人都能够掌握通向轻松装饰的金钥匙。

　　无论你是否正在计划家庭装饰，还是只想了解关于家庭装饰的知识，任何人都可以根据自己的需要从中找到问题的答案。相信它同时也能成为一本技术与文化基础知识的传播性读物，而不仅仅只是有助于个人装饰知识的充实。它所传达的不仅仅是家庭装饰的基本知识，而且还是一种品位高尚的生活理念。为了保证本书的准确性、完整性、独立性和专业性，所有的参考资料均来源于英文原版图书资料。

　　装饰并非如想象中的那么高深莫测，只需要仔细阅读和理解书中的建议与指南，任何人都能够轻松地掌握并去实践。不要被那些看似华丽而又复杂的装饰方法所吓倒，装饰方法并没有任何神秘可言，也绝非高不可攀。也许你只需要了解一些关于色彩的知识，就能够让自己的家完全改观。事实上，书中的任何一部分都可以单独地应用，包括如何避免错误，如何尝试新点子，以及听取专家的意见等等。

　　家是你的个人空间，你希望它美丽、宁静，并且充满灵感，把对你具有特殊意义的事物依照你自己的风格在家里毫无保留地展现出来。一个温馨舒适、充满魅力的家，应该是这个地球上你最爱的地方，这就是家庭装饰所表达的核心概念与全部意义所在。家庭装饰其实就是主人对于家庭——这个自己每天生活的空间所倾注的全部爱心的结晶。只有那些坚持自己的理想，并且愿意为此付出劳动的人才会有所收获。

　　装饰知识本身不应该是生涩难懂和高不可攀的理论教条，它是全人类家居生活点滴之精华，因此也应该成为每一个现代人所应该了解和掌握的生活常识，就好像穿衣戴帽一样的随意和普通。家庭装饰是生活的重要组成部分，需要的是对生活的无比热爱和全心投入，而不是那些似是而非、故弄玄虚的所谓技巧或者秘诀，更不是用来显摆和炫耀的物品。

　　为了使本书更清晰、完美地达到期望的教育和传播效果，除了我用电脑绘制的图片之外，本书所展示的图片大多来自于互联网，在此我对那些未署名的摄影作者一并深表谢意。

吴天筏

目 录

Contents

PART

4 户型设计
Decorating House by House

PART

8 软配饰
Soft Decoration

PART

9 照明设计
Lighting Design

PART

10　电器设备
Electrical
Equipment

PART

11　室外花园
Home
Garden

PART 1

家庭装饰概论

Introduction to Home Decoration

人类与装饰艺术的历史最早可追溯到穴居人留下的原始岩画，尽管那时的人类还不知艺术为何物，但是无人能否认它们在人类装饰艺术发展史上的地位。装饰艺术从一开始就与人类的生活息息相关。家庭装饰艺术就是生活艺术，它是每个人对于生活态度的直接反映，它是爱家、爱生活的人们为了家、为了生活所付出的所有心血的结晶。每个人在进行家庭装饰之前只需要牢牢把握住实用、舒适、耐用、个性、安全与环保这六大基本原则，家就能轻松成为这个世界上自己最喜爱的地方。

家庭装饰的起源与本质

The Origin and Essence of Home Decoration

　　装饰艺术是关于运用大量兼具装饰性和功能性材料的工艺之术语。其相关的材料包括陶瓷、木材、玻璃、金属和织物等，涉及的领域包括陶瓷器、玻璃器皿、家具、陈设和室内设计等，但是通常不包括建筑。装饰艺术与仅仅为了满足视觉效果的绘画、摄影和雕塑的"美术"的区别牵涉到功能、目的、重要性，以及创意性等。装饰艺术属于应用美术范畴，与平面设计和工业设计为伍，包含了固定的材料如壁纸和瓷砖，以及活动的饰品，如台灯与挂毯。

　　装饰艺术不常用到具有设计意味的当代艺术，相反，传统上的装饰艺术被称之为"次艺术"。自文艺复兴以来，尽管如伊斯兰传统艺术与装饰艺术从来就合二为一，中世纪时期欧洲的艺术家们也将其与装饰艺术的工作混为一体，如古典建筑室内装饰里丰富的壁画与雕塑，但关于装饰艺术与美术之间区别的争论从未中断过。直至现代艺术诞生才终止了装饰艺术与美术之间长达数个世纪的合作关系。但现代艺术仍然摆脱不了装饰的影响与作用，只是具体的表现形式和方法有所不同而已。

　　人类历史上每一个灿烂辉煌的时期无论出于何种目的创造出的不同装饰艺术形式（又称装饰风格），包括主张省去一切装饰的现代风格，都从不同的角度承认了装饰的客观存在。因为，装饰本身就是人类表达情感的一种重要形式，它也是人类文化延续发展的重要载体。传统欧洲大陆的装饰艺术由两大支流组成，第一条支流历经哥特式、文艺复兴、巴洛克和洛可可等潮流的洗礼，后又经新古典、帝国和摄政风格的熏陶，最后锤炼成了今天经典的古典装饰艺术。第二条支流发生在连接亚、非、欧纽带的地中海地区，以广大平民乡村生活为基础的田园装饰艺

古老的岩画

19世纪殖民时期家庭起居空间

术。这是两条对当代装饰艺术做出巨大贡献，并且取之不尽的创作源泉。

　　家庭装饰的历史可以追溯到史前石器时代的穴居人。翻开人类历史的第一篇章，我们人类的祖先就与家庭装饰结下了不解之缘，家庭装饰真实地记录和反映了不同发展阶段、不同地理和气候条件下人类生活的特点、方式和内容等。在岩洞的地面上铺上松软的干草，再垫上一块兽皮，就成了现代床具的雏形；原始人斜插在岩壁上的火把正是现代壁灯的鼻祖；数万年前那熊熊燃烧的篝火一直燃烧到了现在；那些千姿百态、色彩丰富的岩画既是穴居人狩猎场景的忠实记录，也可以被视为原始家居的壁画，诸如此类。直至今天，我们仍然可以在地球上某些原始部落里看到许许多多的装饰物品，从涂抹在脸上和身体上的彩绘，到各式各样精心描绘的陶罐器皿，不一而足。

　　历史上，家庭装饰曾经仅仅是贵族和社会特权阶层的专用品，普通百姓的家庭以满足功能的实用性为主要目的，美学考虑退居次位。从古罗马到文艺复兴时期，通常只有拥有权力与财力的人才能够把自己的居所装饰得金碧辉煌；家庭装饰因此成为财富与地位的象征。那些手工精雕细琢的家具和奢侈昂贵的布料只能专属于达官贵人。

　　直到19世纪欧洲帝国主义诞生，大批的所谓中产阶级出现，家庭室内装饰才开始逐渐地在曾经的中下阶层中间传播开来。最初的中产阶级以贸易与航海为职业，并把赚取的大量财富投入到了装饰自己的居所里面。

　　纵观家庭装饰的历史发展过程，装饰的式样总是以新趋势代替旧趋势这样一种交替前进的模式而演变、发展。这种以某种新趋势（或者称做新风格）来装饰家庭的做法逐渐被看做与个人特性相等同的社会发展特征。

电视机的出现曾经给家庭装饰带来了革命性的冲击，同时人们也把家庭装饰开始变得千篇一律归咎于它的出现。事实上，人口的急剧膨胀给庞大的装饰市场带来了无限的商机，也预示着装饰市场所面临的巨大挑战。

由此可见，人类生活与家庭装饰从来就是形影相随、息息相关的。我们也可以看到违背人类天生爱美的反例，在那些没有色彩、没有装饰的社会里，人们的文化与精神状态也总是与愚昧落后和低级趣味联系在一起。家庭装饰从最早的纯功能性的要求，逐步演变成越来越多美学上的追求，这就印证了一个亘古不变的生活法则：家庭装饰必须首先满足功能，然后才是美学。

无论是原始人还是现代人，对于家的向往、梦想和追求，从来就没有过丝毫的减弱。当人们在外面忙碌奔波了一天之后，最希望回到一个温暖舒适、无拘无束、完全放松的家里，这是每一个正常人为之奋斗一生的原动力，也是关于一个家的全部概念的起源。然而，如何得到一个温暖而又舒适的家并非一般人所想象的那么轻而易举。家庭装饰从诞生的那天起就被赋予了神圣的使命和终极的目标，这是我们今天去理解关于家庭装饰本质的第一步骤。

家庭装饰的要素与原则

The Elements and Principle of Home Decoration

　　一所房子在没有经过适当的装饰之前只是个家徒四壁的空间，虽然它也能够遮风避雨，但是却无法提供温暖和舒适，更谈不上给予精神上的安抚和慰藉。家庭装饰与今天每一位现代人的生活息息相关，无论你是住豪宅还是租公寓，丝毫不影响任何爱家和爱美之人对自己的住所去倾注他们的所有爱心和劳动。运用自己所理解和掌握的装饰知识，发挥自己的想象力和创造力，让自己和家人生活在一个温暖、舒适、有效和充满吸引力的空间里，把房子打扮成这个世界上自己最喜爱的港湾，人生因此而变得更有活力和有意义——这，就是家庭装饰对于一个普通人的全部意义。

　　无论你决定如何装饰自己的家，首先必须考虑到自己的家人，因为家是全家人共享的空间，而不仅仅是自己喜欢的地方。装饰的程度可以简单，也可以复杂，它应该由居住者个人的喜好、经济实力和各项条件所决定。装饰的目的可以通过布置、摆放、陈列、安装、悬挂、铺贴、涂刷和点缀等装饰手段来达成。与此同时，还必须全面地了解功能，完全满足使用上的要求，这样的装饰才具有实质性的意义。作为一名设计师，必须全面、深入地了解生活的内容、方式、情趣和意义。只有那些懂得生活、热爱生活、品位高尚和眼光不俗的人，才能够让自己居住的房子最终成为这个世界上自己最喜爱的港湾。

现代家庭烹饪与用餐空间

现代家庭起居空间

越来越多的人开始意识到软装配饰的重要性，因为软装配饰是让房子最终成为一个"家"的关键要素。软装配饰涵盖了布艺、家具、灯具、饰品和植物等元素，这些元素应该围绕选定的文化背景来选择和布置，并最终成为一个完美的统一体。**最后也是最重要的要素就是小心仔细地计划，这是所有建议当中最有价值的一条**。计划模糊和仓促从事是大多数错误的根源。无论是小心地挑选房间的主色调，还是谨慎地选择装饰图案，都必须要有一个整体的观念，让主色调来协调整个家的色彩，让风格来统一整个家的灯具、家具、布艺和饰品等。

一个成功的家庭装饰离不开六大基本原则：实用、舒适、耐用、个性、安全与环保。

实用——尽量避免那些看上去华丽但是毫无用处和意义的装饰。实用是任何装饰风格赖以生存至今的根本原因，而不实用也意味着浪费，并最终会被岁月所淘汰。

舒适——几乎没有人会拒绝一个舒适的生活环境。我们每个人都在为舒适的生活而努力工作，所以舒适应该是我们家庭装饰所追求的终极目标，这一点不容置疑。

耐用——与质量息息相关，没有质量，一切的努力都会化为乌有。为使自己和家人在一个相对较长的时期内无后顾之忧，我们应该提倡在经济能力容许的前提下，只用优质和高质的产品。这是杜绝劣质产品的最有效方法。

个性——任何一个接受过一定文化教育的人都会希望自己的居所能够体现出个人的喜好，或者心目中的理想境界。这就是个性的展示。相信没有哪个地方比家庭更能够自由地、无拘无束地展示自己的个性了，这一点甚至超过了衣着打扮。

安全——永远应该把安全摆在第一位，也就是说时刻要有安全意识，防患于未然，消除侥幸心理，才能够高枕无忧。任何家庭装饰都必须有安全的保障才能够称得上是好装饰，并且永葆魅力。

环保——现代的人们已经或多或少具备了环保的意识，对于家庭来说，只有尽量减少现场施工的内容，减少化学材料的使用量，才能够真正达到环保的要求；对于全人类来说，只有减少或者不使用那些稀有的自然材料，以及那些对自然界有危害的材料，才能够真正做到环保的目的，为子孙后代造福。

PART 2

色彩概念

Color Concepts

色彩，让我们心动；色彩，使家庭充满活力。每个人都有自己最喜爱的色彩，它们也许和你的经历、性格和教育等因素有关，但是对大多数人而言，色彩的语言是人类通用的。想象一下，一个没有色彩的空间会是多么的单调、乏味。色彩不仅带给我们视觉上的愉悦，还是我们情感、灵感和希望的源泉。

2.1 色彩的语言
Color Language

不要过分依赖自己最喜欢的色彩，而是要找到你感到最舒服的色彩。色彩在每个人的心里都扮演着举足轻重的角色，只要它能让你有家的感觉，它就是你要的颜色。每一种颜色都有其特定的含义，比如黄色让你充满想象与活力，蓝色和绿色使你感到安全与放松，红色带给你行动的动力，白色冲淡一切欲望，万物趋于简单、优雅和纯粹。所以，房间的使用目的决定了房间的配色方案。非常浅的色调不适合卧室，因为深色是睡眠的暗示；除非你不做饭，厨房不要用蓝色，它会让你缺乏烹饪的动力，诸如此类。

①

②

大部分的色彩都具有使多数人产生某种类似联想的性质，这一微妙的"色彩语言"对于色彩的选择具有非常重要的参考价值。

红色——被看做是一种令人兴奋、激动和引人注目的色彩。红色给人以充满热情的感觉；最深的红色，如酒红色和褐红色，具有庄严和高贵的品质。

由红色产生的联想词：刺激、关注、强劲、漂亮、妖冶、兴奋、前进、激活、强壮、愿望、活力、温暖、印象深刻、充满热情。

橙色——散发出快乐、勇敢和兴奋的气质。橙色所具有的友好、亲切和随意的特性，使得它适合于家庭大厅，或者是无拘无束的客厅。减弱和温和的橙色是一种能让人想起秋日的安静色彩；而更浅的桃红色则让人觉得愉快、温馨，活力和简朴。

由橙色产生的联想词：刺激、温暖、勇敢、冒险、炫耀、率直、健壮、鲜艳、

③

④

⑤

醒目、愉快。

黄色——是最容易看见的颜色，这也是为什么交通标志通常用到黄色的原因。黄色所派生出来的金黄和赭黄给人以正式、古典和高贵的感觉。自殖民时代开始，浅黄色就一直被用作外墙颜色，而且这种温暖和诱人的色调也同样可以用在任何房间。

由黄色产生的联想词：乐观、愉快、表现、开明、刺激、温暖、幸福、智慧、学识。

绿色——是大自然的色彩，因此绿色也是大多数人的镇静剂。由于绿色看起来非常舒服，它一直被用于工作区域。绿色适用范围广泛，适合于室内外任何空间。

由绿色产生的联想词：和平、放松、和谐、安全、生态、更新、平静、灵活、镇静、自律、悠闲。

蓝色——是美国人最喜爱的颜色。在蓝天和碧水之间的大地是那么的平静和开阔。水蓝色因让人愉悦而备受青睐。作为一种室外的颜色，蓝色既可以用作装饰线条，也可以是整座住宅的主题色彩。

由蓝色产生的联想词：信赖、安抚、和平、信任、冷静、忠诚、安静。

紫色——带来财富和华丽。紫色和蓝紫色是

① 红色调　② 橙色调　③ 黄色调　④ 绿色调
⑤ 蓝色调　⑥ 紫色调　⑦ 褐色调

⑥

⑦

① 白色调　② 黑色调

奢华的色调，淡紫色和浅紫色则表达了相对低调的高贵。在室内，娴熟和出人意外地运用蓝紫色能够马上产生混搭的效果。

由紫色产生的联想词：振奋、高贵、谦逊、安抚、富裕、灵性、尊敬。

褐色——与绿色一样属于自然色彩。这种中性色彩适合于任何生活与工作的环境。红褐色看起来非常的不正规，深褐色则显得更加优雅。在室外，褐色与绿色是最佳搭配色；在室内，浅褐色与黄褐色是常见的中性色彩。

由褐色产生的联想词：生机、可靠、稳固、亲切、大地、健全。

白色——象征纯洁、清新和干净。无论如何使用白色，它都能够衬托出任何其他的色彩。作为室外的色彩，白色的用途极其广泛；它适合于几乎任何材料的表面。

由白色产生的联想词：纯洁、清新、干净、中性。

黑色——是绝对的经典色彩，它同时也表达着深刻的内涵。在室内，黑色使任何颜色看起来更纯净；在室外，黑色是百叶窗、线条、门和铸铁的首选色彩。

由黑色产生的联想词：权威、庄严、强大、优雅、神秘、深沉。

灰色——是非常漂亮的中性色，从任何角度看都很舒服。灰色具有鲜明的商业化都市品质，灰色的绝对中性使得它与任何色彩的搭配均毫无问题。灰色加白色是非常时尚的色彩搭配，在室内外的应用均非常广泛。

色彩的搭配
Color Scheme

在家庭装饰的所有元素之中，色彩所扮演角色的重要性是不言而喻的，也是无法取代的。色彩能够毫无保留地揭示主人的个人喜好和品位，也能够直接影响每个人的心情。我们无法想象一个色调平淡无奇，或者色调缺乏亮点的家庭装饰能够激发人们对于家庭的眷恋。每个房间的主色调都取决于主人对这个房间的情感需求，无论是兴奋的，还是冷静的。

每个人在生活当中都可能遇到给自己印象深刻的色彩。它可能让你产生兴奋、欣喜、满意或者放松等情感。尽力记录下当时的色彩环境，这种习惯将非常有助于自己家庭装饰配色方案的选择。对许多人而言，面对彩虹一般的色盘，如何缩小选择范围，并最后做出最佳的配色方案，仍然是一个不小的挑战。

要想更好地理解配色方案，首先需要理解色彩的协调，这是任何一种成功的配色方案的本质所在。让我们温习一下色盘的基本知识。色盘上面的基本色彩包括红色、橙色、黄色、绿色、蓝色、紫色。其中红、黄、蓝三色称为三原色；橙、绿、紫三色则称为三间色；三次色是由三原色与三间色组合而成：红与橙、橙与黄、黄与绿、蓝与紫等。

选择室内配色方案的简单方法之一就是从织物图案或者某件艺术品当中挑选某个颜色作为房间的主色调。比方说织物以白色为主色调，那么墙体的主色调也为白色；如果织物图案中有玫瑰红底色加褐红色和黑色，那么墙体的主色调则为玫瑰红。那些醒目和较深的色彩可以作为整体配色方案中的重点色彩。其成功的前提是：这个织物图案上面至少应该有三种颜色，而且要应用同样的织物在至少三个地方，如帷幔、沙发和靠垫的组合，或者双人沙发、窗帘和桌巾的组合等。

传统的经典配色方案常常选用较深的墙体颜色，配上白色或者米色的门、窗套，以及顶棚、墙裙和踢脚线等。当然，如果你勇于尝试，反其道而行之，也可以用浅色的墙体，配上深色或者醒目的其他装饰线条，效果也许更引人注目和与众不同。还有人愿意用比墙体色彩更浅的颜色作为所有装饰线条的色调。

中性色配色方案——选择单性的色彩，或者是中性色彩当中的有限范围。最常见的中性色彩包括褐色系、灰色系和非纯白色系等。虽然中性色被认为是比较安全的色彩，但是

显然是被迫依赖中性色来中和对比强烈的色彩，其结果是整体色彩对比会更加强烈。

运用中性色装饰的最大挑战莫过于如何避免无趣和乏味。中性色是淡色、米白色、褐色和黑色等，它们都被视为非色彩。它们既可以与任何色彩搭配使用，也可以单独使用。用米色和浅灰褐色能够装饰出一个优雅的环境，结合不同的织物纹理，显得冷静而又简朴。例如在厚重的绳绒线和天鹅绒的旁边配上柔顺、光滑的缎子和丝绸。另外一种防止所有的装饰品混在一起的方法则是包括深浅不一的相同色彩。

同色系配色图案可以明确每一种织物的存在。它包含有条纹、格子、图案和花卉，在同一个空间里融合成一体。种类越多，米色和浅灰褐色的配色效果就越好。中性色配色方案的成功要素在于不同织物不同质地的巧妙组合，而且要与家具和饰品协调一致，让木质家具和藤编家具摆放在一起，让黄铜和锡铅合金与水晶搭配在一起。任何配色方案都是为了和谐而存在。

黑白配色方案——由此形成鲜明的对比，制造印象深刻的效果，干净利落、整洁漂亮。想象一下，一块黑白相间的棉布与小方格和粗条纹布配在一起的效果。白色背景墙衬托下的各种黑白组合图案足以令人惊奇。

各种柔和的白色织物组合在一起会产生出浪漫如梦幻般的感觉。一块绣花布配上镶有乳白色蕾丝花边的起皱薄纱，简直天生就是为美丽而又雅致的房间准备的。

单色相配色方案——选择单一色彩而产生。比方说我们想要一个红色的迷人餐厅，为避免让红色统治整个餐厅，可适当地加入一点绿色和白色，以取得最佳效果，达到某种微妙的平衡关系。如果选择的色彩为蓝色，那么房间的主色调为中度蓝色，然后用浅灰蓝色，或者是深蓝色

作为重点色彩。然而，这种色彩搭配方案使用过度容易令人生厌。

相似色配色方案——选择一个主色调，然后在色盘上面选择一个与之靠近的相近色彩作为重点色彩。由于色彩比较接近，这种配色方案很少遇到色彩冲突的问题。如果选择的色彩为蓝色，那么房间的主色调为中度蓝色，可以用紫色或者蓝灰色作为重点色彩。

对比色配色方案——选择一个主色调，然后在色盘上面选择一个与之相对的对比色彩作为重点色彩。这种配色方案给人以活泼、轻率的印象。比如如果选择的色彩为蓝色，那么房间的主色调为中度蓝色，可以用橙色作为重点色彩。为了降低对比色彩所带来的视觉冲击，可以考虑适当加入一点白色或者中性色进行调和。记住只要两种颜色在色盘上面处于对立的位置，都可以成为微妙的色调组合。

三色组配色方案——由色盘上面等距的三种色彩组合而成。

四色组配色方案——由两组互补色的色彩组合而成，有时被称做"双互补"。三色组和四色组都是属于比较难于掌握的配色方案，大部分情况下会在中性色区里面应用到它们。

同色调配色方案——当我们从织物或者艺

① 中性色彩搭配　② 黑白色搭配　③ 单色相搭配　④ 相似色彩搭配　⑤ 对比色彩搭配　⑥ 三色组色彩搭配　⑦ 四色组色彩搭配　⑧ 同色调色彩搭配

术品当中抽出某种颜色作为整个房间室内配色方案的背景主色调时（通常为图案中最浅的那个色彩），它将成为大约60%的室内色彩。同一颜色的中间色调将成为室内的次要颜色，通常用于地面或者窗帘，也可以用于装饰线条，或者将某一面墙漆成中间色调。那个最亮的色调则用于饰品点缀，如靠垫或者窗帘钩。

在美式客厅的配色方案中，蓝色和绿色是最受大众喜爱的颜色。蓝色带给客厅高雅的形象；浅蓝色特别适合于小面积的客厅，因为它能够使空间感增大。常用的蓝色有粉蓝色、地中海蔚蓝色、蓝绿色和海军蓝色等，它们都能够点燃令人愉快的心情，不过其中的蓝绿色更适合于现代风格的客厅家具。与蓝色相似，绿色也让人的心情趋于平和与安静，但它又是制造活力与能量的源泉。绿色能与任何色彩搭配取得平衡，包括现在流行的中性色彩。常用的绿色包括薄荷绿、橄榄绿和翡翠绿等，每一种绿色都能带给人们清新、自然的气息，这是人们在客厅里期望感受到的氛围。

对于美式浴室而言，它是我们早晨起来走入的第一个房间。传统的浴室一贯用浅色，或者是中性色彩；现代的人们更希望在起床之后看到令人振奋和赏心悦目的色彩。因此，有不少人愿意把浴室漆成浅蓝色，有时候配合一点奶油色和沙褐色与浅蓝色取得平衡。无论如何，任何色彩都必须使人感到舒适、悦目。

除了色彩，相似或者相同的图案也是不容忽略的一部分。我们需要寻找它们之间某种内在的关联，也许是共同的图案和色彩，这样，某种和谐的主旋律就会在不同的房间之间流动起来。例如，当沙发或者椅子都有花卉图案的时候，我们可用条纹或者其他的几何图案作为背景，从而使它们更具吸引力；然而，如果背景也用同样的花卉图案，其结果就将会使整个房间立刻陷入到单调乏味的可怕境地。

运用对比色系与运用不同的材质在装饰的手法上同等重要。如果床品的色彩单调或者用的是中性色彩，那么靠枕的色彩就应该鲜艳、醒目一些。这正是许多优秀的室内设计师成功的秘诀之一。通常，硬装饰应该用纯净的中性色彩，以便与其他的主题色彩融为一体。值得注意的是，不同的年龄和性别有着完全不同的色彩偏向。例如，年轻女孩偏向于纯净、热烈的色系，如紫色、鲜粉红色、洋红色、蓝绿色、荧光蓝和翠绿色等；而男孩子和男人则偏向于沉稳一点的色系，如蓝色系、褐色系和黄色系等。所以，了解使用者的性别和年龄有助于设计师做出正确的选择。

色彩的应用
Color Mastery

应用一：60-30-10法则

大多数刊载的优秀案例和大众所喜爱的作品都遵循着这个60-30-10的基本法则。它的色彩的分配比例为：60%的主色调，30%的次色调以及10%的辅色调。如果我们用男士服饰的搭配比例来解释就是：60%的外套、30%的衬衣和10%的领带；如果用室内色彩的搭配比例来解释就是：60%的墙体、30%的配饰和10%的饰品。

60-30-10法则

应用二：配色法则

从设计的初期阶段开始，缩小色彩的选择范围至两种配色方案：

互补色（对比色）搭配——红与绿、蓝与黄、紫与橙等，这样的搭配方案比较适合于正式的区域，如客厅、餐厅等。

类似色搭配——黄与绿、蓝与紫、红与橙等，这样的搭配方案比较适合于非正式的和轻松、随意的区域，如家庭厅、书房、卧室等。

应用三：黑色法则

配色法则

黑色法则

这是一条室内设计的古训：通过添加黑色的元素，例如黑色的箱子、灯罩、画框和柜子等，可以净化并且强化空间内的其他色彩。

应用四：自然法则

自然才是真正的色彩大师！自然告诉我们：选择深色的地面（好像大地），中度色的墙面（好像树木），然后最浅色留给顶棚（好像天空）。

应用五：提取法则

寻找空间内最大的一个图案，它可能是窗帘、装饰面料、一块东方地毯，或者是一件艺术品，然后，空间内其他的色彩均围绕这个图案中的色彩展开，这时又可以用到60-30-10法则。如果选中的一件艺术品是由红色、黑色和灰色组成，那么第一色彩方案为：60%的灰色、30%的红色和10%的黑色；第二色彩方案为：60%的红色、30%的灰色和10%的黑色。

应用六：流动法则

这是一种让整个居室的色彩流动起来的方法，它能使多个房间连成一个整体。比方说，如果客厅沙发是绿色的，那么，同样的绿色就应该出现在餐椅的面料上，然后是家庭厅的灯罩、厨房的地垫……

应用七：反差法则

人们常常利用高反差来强调空间的正式程度，利用低反差来营造轻松、愉快的氛围。

应用八：情感法则

人类对色彩的情感来自先天，比方说红色代表火焰，蓝色象征空气和大海，黄色意味着太阳，褐色和绿色则表示树木。所以，红色与黄色适合于需要充满活力的客厅或者餐厅；蓝色、绿色和褐色适合于需要安静和放松的卧室或者家庭厅，依此类推。

应用九：季节法则

秋天，万物凋零，宜于休息。所以，秋天的色彩——芥末黄、赤褐色和褐色等适用于需要柔和和宁静的空间。

春天，万物复苏，适于活动。于是，春天的色彩——粉红色、淡紫色、橘黄色和果绿色等适用于需要活力和动感的空间。

①自然法则 ②提取法则 ③流动法则 ④反差法则 ⑤情感法则 ⑥季节法则

应用十：光影法则

　　光对色彩的影响常常使人忽略。白天的自然光，晚上的人工光，南向的直射光，北向的折射光和反射光等，都会对色彩的明度造成极大的影响。所以，在挑选色彩之前应该确定色彩所应用的空间位置。

光影法则

PART 3

家庭装饰风格

Decorating Styles

　　家庭装饰艺术既要体现主体的性质、功能和价值，又要展示出它自身的美学价值，这种双重的性质决定了它的背后必然有着极其深厚的历史和文化沉淀作为根基，最后才能形成我们今天称之为装饰风格的产物。历史与文化是人类生活的源头与核心，也是装饰风格的精髓与内涵。所有形成某种装饰风格的要素仅是其华丽的外表，只有外表与内涵完美地结合在一起的装饰风格才是拥有灵魂的装饰风格。

3.1

殖民风格

Colonial Style

来自欧洲许多国家的早期开拓者们来到新大陆，从此便诞生了美国殖民风格这一影响至今的装饰风格。殖民风格大约产生于17世纪，是现代美式装饰风格的发源地。也是我们寻找那个温暖、舒适和放松的家——梦开始的地方。自从第一批来自英国的开拓者踏上这片辽阔的土地——北美洲，便把新英格兰风格的建筑与装饰风格带到了这里。

在开拓疆土的初期，自然环境是如此的恶劣，一切都得靠双手重新创造，一切都得删繁就简，美国早期的殖民风格与其原型英国乔治风格有着天壤之别，最后形成了质朴而又简洁的殖民地风格；后来又逐步演变而变得更富丽和更奢侈。

通常来说，殖民地风格仍然以其质朴与实用的特点著称。它常常带给人一丝怀旧的情感，并让一所房子变成适于居住的家。虽然式样显得老旧，但是家庭的价值观永远也不会过时。

只要遵循以下几项设计原则，任何人都可以做出纯正的美国殖民风格。

1 墙与色彩 ●●●●●●

● 护墙板封口条是殖民风格的主要装饰特点之一。

● 简单的实木镶板是殖民风格的装饰特色。

● 单层的白色墙漆，给人以明亮而又通透的感觉。

● 护墙板封口条、墙裙、木门等需要保留木纹原色，所以仅施以清漆保护。

● 如果希望给殖民风格的木工增添一点色彩，应尽量选用暖色调、自然色调、柔和色调或者大地色调，与室内其他材料协调一致。

● 理想的色调包括奶黄色、灰褐色、棕色、绿色、柔和蓝色、黄色和红棕色等。

● 蜡纸模板印花常常用在墙板上。

较富裕的家庭会用到壁纸来装饰墙面。

2 地面 ●●●●●●●

● 松木地板是最常见的地面材料。人们经常在其上铺上一块手工编织的小地毯。

3 窗户 ●●●●●●

● 百叶窗是窗户的最佳装饰品。

饰有垂边窗罩或者镶板窗帘能使家显得更温暖和更有私密性。更进一步的装饰还有垂饰物或者尾状穗。

殖民风格

④ 家具 ●●●●●●●

- 殖民风格的家具朴实而又简单，用料厚重，手工制作。
- 常用木料包括松木、桦木、槭木、胡桃木和樱桃木等。
- 一些有条件的早期殖民者甚至从欧洲自带家具来到美国；所以，如果能够找到那些古董家具，可以让殖民风格达到更逼真的效果。

⑤ 灯具 ●●●●●●●

- 仍然是以朴实、简洁为选择灯具的原则。殖民风格的灯具以实木和铁艺为主，蜡烛在殖民早期是必需品。
- 固定在墙上的壁灯是很好的装饰品。
- 枝形吊灯曾经是富贵人家的专利品，后来也渐渐地进入到普通人家。

⑥ 配饰品 ●●●●●●●

- 殖民风格配饰品的功能性大于其装饰性，但是后来也变得更具装饰性和更奢华。
- 织物是必不可少的配饰品，不仅是因为其美观，更是因为其温暖感和趣味性，考虑那些绒线刺绣、刺绣品、拼缝被套等。
- 多用一些毯子、提花床单布、靠垫、窗帘、装饰品和悬吊饰品等。
- 选择一些简单的原始民间艺术品挂在墙上。
- 家庭照片是一个家的重要组成部分，可将发黄的旧照片和黑白调新照片组合在一起。
- 粗犷的陶器展示，而那些精美的瓷器和姜罐会显得更有品位。
- 类似单柄大酒杯和小瓶子的锡蜡器皿。

3 2 新古典与联邦风格
Neoclassical & Federal Style

新古典风格集欧洲文化艺术之大成，因其高贵、典雅、精致和优美而成为美国联邦风格创作之楷模。谁都无法否认联邦风格与欧洲新古典主义之间的渊源，二者都深受古希腊和古罗马艺术的影响。事实上，欧洲新古典主义风格正是产生于古罗马时期被毁灭的庞贝古城重现天日的年代，同时出土的还有大量完好无损的古罗马家具，这给设计师们提供了一个完整的家具设计蓝本。

联邦风格产生于1789年左右，美国独立战争之后，新的联邦政府建立之初，这也是联邦风格名称的来由。联邦制的拥护者和反对者就新国家的新式样争论不休。当时大多数的富有阶层都居住在美国东海岸的一些大城市，如波士顿、费城、纽约、巴尔蒂摩和查尔斯顿等，他们仍然无法割舍与欧洲的感情纽带，这些城市成为了联邦风格的发源地。

如果不是在美国本土，大多数的人甚至还不知道这个世界上还有联邦风格。这种风格的式样有时被称为"新古典主义"风格，或者是"美国新古典主义"风格。虽然，联邦风格家具与欧洲的新古典主义家具有着许多共同之处，但是，联邦风格比之欧洲新古典主义在装饰方面摒弃了过度的华丽装饰，特别是在镀金、拉毛粉饰和大理石的运用方面，清新、优雅、简练、干净了许多。

联邦风格

联邦风格家具因经典而永恒，因典雅而高贵，可以与许多不同的室内装饰风格相搭配，是一款源自欧洲，但又具有鲜明美国特色的家具，其影响力一直延续到现在。

联邦风格的装饰色彩大多比较光鲜、艳丽。常见的色彩有醒目的绿色，金黄色的边框，中间调的蓝色、浅绿色和棕色调；奶黄色常用在背景或者是木制品上。

家具特点：

● 深浅明显的饰面板。

● 浅蓝色的内饰。

● 简练的线条。

● 较多的直线。

● 雕刻母题有：缎（丝）带、垂花饰、水果篮、葡萄串、麦穗、半月形、老鹰、丰饶角、吊钟花、扇形、帷幕、水壶、盾牌。

新古典风格

3.3 维多利亚风格
Victorian Style

最具英国气息的维多利亚风格起源于维多利亚女王执政期间（1837—1901年），其设计理念大量摘取自历史上各个时期不同风格的经典设计元素，最后融会成了著名的维多利亚风格。这些风格包括洛可可、巴洛克、新古典和哥特式等。维多利亚风格是工业革命之后第一个开始大量生产的装饰风格。它以充满女性的柔美、华丽、浪漫、舒适、过度繁复与琐碎的装饰特点而著称。

维多利亚风格以深色为主，特别是深红色、墨绿色、金色和深褐色。

维多利亚风格的室内装饰布满了镜子、雕刻华丽的深色桃花心木和花梨木、大尺度的铁艺家具、铜质台灯配上镂空边框的彩色玻璃灯罩（俗称蒂芬尼灯）。

①

客厅与卧室非常正式，通常布置有靠背、座位和两端扶手均有软衬垫的长沙发，带波浪状起伏靠背的长靠椅，仅在一端有靠背扶手可坐可卧的贵妃椅，软垫搁脚凳，气球状靠背椅等。

②

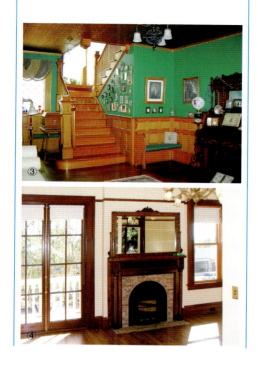

正式的维多利亚餐厅常常会有一张大餐桌，周围一圈直背的餐椅。喜欢维多利亚风格的人都是收藏家，他们愿意在桃花心木的展示柜里展示出他们所收藏的书籍、珍爱的一切。

维多利亚风格的卧室都有雕刻复杂的深色木床（常常带有精致的华盖），材料为桃花心木和花梨木，并且有华丽的木质斗柜和大衣橱；必定会有一张优雅的梳妆台，让贵妇人在镜前梳妆打扮；还会有一盏水晶吊灯或者全铜质的枝形吊灯，和有着带穗灯罩的台灯。那个时候常用活动的屏风来遮挡脸盆架和便壶。

浴室是维多利亚风格的皇冠宝石，早期的浴缸和洗脸盆往往像家具似的用木板包裹起来，后期把浴缸和洗脸盆解放出来，避免滋生害虫和发霉。维多利亚风格喜欢在马桶和洗脸盆的上面描绘卷曲的花卉和海景等图案，喜欢用铜质的龙头；只要空间许可，还喜欢在浴室里面放踏脚凳、小桌子和椅子等。

维多利亚风格的饰品包括精美的瓷器、小盒子和小瓶子等，它们通常放在桌子上、搁板上和壁炉上。维多利亚风格的室内装饰少不了悬挂各种镜框、艺术品、老照片、水彩画、油画和挂毯等。不要忘记室内植物，维多利亚风格喜欢那种瘦高的植物。

维多利亚风格更喜欢用深色的木地板，并且在上面覆盖东方地毯，如果是波斯地毯效果更好。维多利亚风格的墙面常用具有涡卷状花卉图案的壁纸，威廉·莫里斯壁毯成为维多利亚风格必备的墙面饰品。

维多利亚风格的织品喜欢用厚重的天鹅绒、丝绸、花缎和锦缎的材质，钻孔饰珠的窗帘式样繁琐，饰有垂花饰和复杂的褶皱，并且饰以带穗须的窗帘拉绳和粗大的木质窗帘杆。维多利亚风格还喜欢在织品上面刺绣，随处可见针绣花边枕头。维多利亚风格的织品设计原则是以精美的蕾丝窗帘来衬托贵妇人的端庄。

3.4 新艺术与装饰艺术风格

Art Nouveau & Art Deco Style

　　新艺术与装饰艺术风格，一个用流畅的花卉形状装饰，一个用光洁如镜的流线型装饰，二者都是工业革命与第一次世界大战后出现的装饰风格，并且都接受和采纳了现代主义的设计元素，但是它们之间的区别是显而易见的。

　　新艺术风格（1800至第一次世界大战之前），它信奉自然主义，顺应了欧洲工业革命带来的新美学标准，擅长用几何形体如弧线、抛物线和半圆形等（代表为埃菲尔铁塔）来表达。它热衷于表现自然界的形状，如昆虫（蜻蜓）、水草，甚至是神话中的仙女等，我们在蒂芬尼台灯上可以清楚地看到这一点。是新艺术风格首先打破并融合了传统艺术中纯艺术（绘画与雕塑）与应用艺术（瓷器与家具）之间的隔阂。

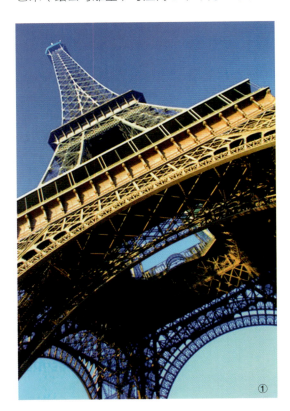

①

　　新艺术风格涵盖了所有艺术与设计领域，并且传遍了整个欧洲大陆和美国。人们常常视新艺术风格为现代主义运动的前奏，它的诞生正是工业化生产开始充斥市场之时，设计师、建筑师和艺术家们开始意识到传统手工技术流失的危险，他们试图用一种全新的和有机的艺术形式来强调人与自然的关系。

　　另一方面，第一次世界大战期间物资的匮乏，迫使富裕阶层另辟蹊径，改用玻璃和金属来做装饰，最后奠定了爵士乐时代和装饰艺术美学。装饰艺术风格大量采用了现代装饰材料，如玻璃、镀铬、不锈钢和镶嵌木材。如果装饰艺术应用到了自然元素，它们将会被图案化或者呈编织

状，如斑马皮或者蕨类植物叶，最后的装饰艺术风格形状粗壮有力，像云隙射下的阳光和工字形，或者大圆弧。

装饰艺术风格流行于1925—1939年之间，是由法国设计师从一战后的机械美学中提炼和发展而来，也是对新艺术运动表现出的流动性和蜿蜒攀爬的装饰特征以及强调手工制作的应对。就像1922年巴黎图坦卡门展览会上出现的远洋客轮的流线型设计和光滑如镜的几何造型与图案一样，装饰艺术风格是一种混合型的风格。在受到来自建筑师、时装、舞台和芭蕾舞裙、珠宝、家具、瓷器和玻璃器皿设计师的影响和参与后，它在20世纪30年代流传更为广泛。

装饰艺术风格的家具曾经采用稀有的木种，如黑檀木贴面，采用了最高的制作标准。装饰艺术风格是富豪们精神寄托的乌托邦，它很快就在经济大萧条时期脱颖而出。它在各种矛盾与冲突中寻求一种结合现代材料与技术和传统艺术的折中艺术形式。

装饰艺术风格的显著特点为光滑与对称，几何造型和亮丽色彩，除了其标志性的黑—白色彩搭配之外，其他的经典色彩还有黄色、紫色、深红色、蓝绿色等。装饰艺术风格是新艺术风格的延续，但是那些卷形花纹和自然

④

① 新艺术风格的埃菲尔铁塔
② ~ ③ 装饰艺术风格
④ 装饰艺术风格的克莱斯勒大厦

符号已经被棱角分明的图案和几何符号所代替，如工字形和Ｖ字形图案。

　　装饰艺术风格的创作理念很大程度上受到了当时的立体派和未来派的影响，立体派的打破与重组和未来派的机械化再塑世界成为装饰艺术风格的核心设计思想，人们可以在家具和装饰图案中清晰地看到它们二者的影子。

　　装饰艺术风格的室内装饰常用到天鹅绒和皮革，但是窗帘的式样相对很简单，有时候会用到窗帘盒，而有时候甚至无任何处理，顶多会用到百叶帘来保护隐私。装饰艺术空间常见的无框镜子会使空间显得更大。它的灯具材料基本为玻璃与镀铬金属，流线型、扇形或者碗形的壁灯成为装饰艺术的标志性灯具。

　　装饰艺术风格的室内墙面常漆成纯净的米色或者褐色，有时选择几何图案的壁纸；它的地面常用木板拼成几何图案，并且被上蜡、抛光，而且经常会使用几何图案的地毯。装饰艺术风格常常出现黑—白棋盘格的铺贴图案，并以棕榈树和火烈鸟的装饰图形闻名于世。

传教士与工匠风格 3.5

Mission & Craftsman Style

美国传教士风格是美国工匠风格的一个分支，二者之间的相互影响是显而易见的。此风格系1890—1914年间，由旧金山传教士所创造。当时的神父们必须自己动手制作日用的家具，其式样最初与墨西哥的西班牙传教团使用的家具相差无几，这就是美国传教士风格的由来。

最初的传教士风格在设计与质量方面相对较粗糙，是后来的工艺美术运动改正了这一缺陷，并使其重获新生。这种传教士风格的沙发，在19世纪末到20世纪初非常流行，与维多利亚时期的装饰风格形成了强烈对比。

传教士风格保持了其简洁和实用的特点，强调木工的技艺，并且要展露出木材的美感。传教士风格适合于那些想远离城市喧嚣，追求宁静、简单生活的人们。

深色和木材的纹理是传教士风格的另一特征。

为了配合深色的家具，墙面的色调也需要相接近的巧克力棕色、焦黄色、红色等。传教士风格的室内装饰中常见床头柜和木凳子，点缀以浓烈色调的毯子和靠垫，为传教士风格增添了些许活力。

传教士风格与当代风格的搭配相得益彰，二者均注重功能的重要性。简洁的线条和精致的木工节点，由径切橡木做成的栏杆是典型的传教士风格。

传教士风格的常见配饰有：墙上的挂件和油画，瓷器类器皿，小块的区域地毯，米白色、奶油色或者草绿色的布艺窗帘，几何造型的彩玻台灯等。

意义深远的工匠风格因其独具魅力的哲学思想和精益求精的手工艺术而与传教士风格结下了不解之缘。

工匠风格最早起源于欧洲工业革命之后发起的工艺美术运动，它是在工业设计领域开始反对维多利亚时期过度装饰的奢侈之风的产物。大约是19世纪末期，这股设计之风刮到美国，并演变成了美国工匠风格，一直延续到20世纪早期，是美国少数本土化的装饰风格。作为一种设计新思潮，其影响力波及许多其他的现代装饰风格和现代建筑艺术，并一直持续到现在。

一代宗师弗兰克·劳埃德·赖特所创造的有机建筑和草原住宅受其影响之深是众所周知的。赖特的传世之作——流水别墅，就具有典型工匠风格的神韵。

工匠风格的三大原则：

● 实用性——功能与形式融为一体。

● 与自然协调——使用自然材料。

● 关注本土——使用当地材料。

工匠风格的装饰特点：

● 简洁的几何形状。

● 刚劲有力的线条。

● 暴露的木工节点。

● 减到最少的修饰。

● 用金属、彩玻或彩瓷装饰的家具。

● 程式化的装饰图案。

● 单一的色彩。

最著名的工匠风格家具代表作就是莫里斯椅子。

田园与乡村风格

Country & Rustic Style

3.6

　　田园/乡村风格随意而又优雅的感觉来自牢固、实用的家具，鲜艳的布料，实用而不花哨的饰品等。只是田园风格表现出温馨和浪漫的情调，而乡村风格则显示出粗犷和质朴的气息。

　　田园/乡村风格在欧洲许多国家都有着相似的面貌，从法式田园风格到英式田园风格，再到美国乡村风格，所有这些田园/乡村风格的共同特点都营造出了一个温馨、可爱、舒适而又随意的家庭氛围。我们之所以会有这样的感觉，是因为人类社会的发展过程是先有农村后才有城市，回归自然、向往田园生活是人类的本性使然。

　　田园/乡村风格首先要避免刻板、生硬、冷漠和奢侈的感觉，没有人坐在一个乡村风格的客厅沙发里面看书，或者坐在田园风格的厨房里喝一杯茶的时候，会感到局促或是不安。田园/乡村风格是法式田园风格、英式田园风格和美式乡村风格的统称。

　　法式田园风格——法式田园风格就好似一个调色盘，能让人感受到法国南部的明媚风光。法式田园风格的经典色彩包括薰衣草色（淡紫色）、深茄色（深紫色）、向日葵色（金黄色）和海蓝色（深蔚蓝色）；织物的颜色同样绚丽多彩，通常印有小花或者动物的图案。家具结实、实用，以松木为主。传统的法式田园风格家具还包括一张厚木板制成的

法式田园风格

饭桌，围绕几张藤编椅子或者长条靠背椅，饰有刻纹的大衣柜和立柱木床。饰品常常有麦秆、薰衣草花环、小树枝、大公鸡、锻铁栏杆和灯饰。

英式田园风格——英式田园风格的特点是用花卉来装饰出一种仿种植园的感觉。英式田园风格的色彩调子相对较深沉，例如深红、深褐色和深绿色。粗花呢和皮革是常用的装饰物；有时候配以花布、帘/幔、花卉壁纸和其他重彩的饰品。家具包括英国乡村常见的用樱桃木或者桃花心木制成的大型书柜和书架。门和柜子的五金件通常采用黄铜，饰品中喜欢用皮质做封面的书籍、精美的瓷器和田园风景装饰画；常见关于狩猎和马术的饰品。

美式乡村风格——美式乡村风格的起源可以追溯到美国第一代开拓者的足迹，从此打破了家庭室内空间的局限。美式乡村风格结合了最早的阿迪伦达克（纽约州）小木屋和欧洲田园风格的所有特点，从而形成了自己独特的建筑风格，比如粗犷的木梁、石头砌成的壁炉、整块的厚木地板和拱形天花板等。家具既实用又富有装饰性，常见用圆木做的构件，喜欢用皮革来装饰沙发和椅子，圆形的实木餐桌，立柱大木床等。饰品方面有彩色的毛毯，硬质陶瓷灯具，鹿角（单独地挂在墙上，或者多个镶在枝形吊灯上），兽皮制成的地毡和毯子。

田园/乡村风格组合——田园/乡村风格

①~③ 英式田园风格　④ 美式田园风格　⑤ 田园/乡村风格

随着时间的推移而演变着，这种风格的特点就是把许多相同和不同的部分组合在一起。为了打造一个纯正的田园/乡村风格的家居，我们经常需要去逛旧货市场或者参加房产清仓甩卖；在线拍卖网站，例如eBay，是寻找田园/乡村风格饰品的好去处。

　　要想做好一个田园/乡村风格的家居设计，必须先选择一个基本色调和主题（英式田园、法式田园还是美式乡村），然后一切围绕这个主题展开。记住，创造田园/乡村风格没有捷径可走，只有自己花时间用心去挑选每一件中意的饰品，才是打造一个田园/乡村风格的全部乐趣所在。

3.7 现代与当代风格

Modern
& Contemporary
Style

起源于一个世纪前的现代风格，由20世纪30年代的德国包豪斯学派和北欧的现代设计运动迅速传播至全世界，其影响力在20世纪60年代达到顶峰。当代风格泛指现在、今天的现代风格。

现代风格起源于19世纪晚期到20世纪早期，由30年代的德国包豪斯学派和斯堪的纳维亚（北欧）的现代设计运动迅速传播到世界各个工业设计和艺术领域，其影响力在20世纪60年代达到顶峰，然后逐渐势微。现代风格与当代风格的关系，就如同父与子的关系，它们的设计理念和理论基础是一脉相承的。现代风格的装饰设计

现代风格

特点包括：简练、无装饰、流线型、抛光表面、几何造型和非对称。

色彩——中性的调色板使得配饰成为空间的主角，白色的墙面主宰了整个空间，饰品和布艺以柔和的中性色彩为主。

装饰——光亮、柔顺和平滑都是用来描述现代风格装饰外观效果的词藻。地面装饰材料常用的有水泥、花岗岩和油地毡。现代风格的家具喜欢用铬合金和不锈钢材质；橱柜则经常用喷漆工艺。

艺术品——艺术品在现代风格的家居设计中起着举足轻重的作用，它们必须具有引人注目的形状和式样，从而取得不同凡响的视觉效果。采用重点照明的艺术品具有强烈的视觉冲击力。

当代风格以一句话概括就是：干净整齐。当代风格不仅是对生活、状态和式样的简化，同时不乏将清淡的中性色与亮丽、粗犷的纯色相组合而产生愉悦的视觉效果。

当代风格不过度依赖于各种饰品，所以当代风格的饰品要遵循少而精的原则。

当代风格的色谱涵盖范围之广：从淡中性色系的混合，到黑、白色系，再到纯色系。

选择当代风格家具和饰品的原则之一便是精简、有力。要尽量减少花卉图案，杜绝杂乱无章，避免成为艺术品的堆放场。选择一件名贵的饰品要好过一堆廉价的饰品。

舒适——当代风格家具设计的特点就是简洁、大方、干净、舒适。常常用皮革或者布艺来装饰。几何形状的软垫成为最佳的色彩点缀。

地面——多层实木地板这几年越来越时兴起来，但是地毯的舒适和尊贵是无法替代的。一种新兴的地面材料就是水泥，经过上色、酸洗和抛光，水泥可以产生一种极佳的视觉效果。

灯具——灯具在当代风格中扮演着极重要的角色，吸引我们追随着光线去欣赏一件经典的家具，或者是一件精美的艺术品。

艺术品——玻璃、金属、石材和木头都是当代风格中常见的材料。一个纯粹的当代风格家居中，一定少不了几件高级的艺术品，因此需要我们经常去逛现代艺术画廊。那些醒目的位置就是留给这些艺术品的，因此需要充足的空间和专门的照明。

当代风格

3.8

地中海风格

Mediterranean Style

地中海风格的美源自当地居民对大自然的崇拜，由此而造就了地中海风格独特而又纯洁的审美情趣。

地中海风格总是能唤起人们对生活的美好愿望：浪漫而又富饶。身临其境，你能感受到欧洲南海岸飘来的一阵阵芬芳。地中海地区独有的友好与轻松的生活态度，造就了地中海风格独一无二的装饰特点：质朴的家具、粗犷的墙面肌理、五彩斑斓的色彩和愉快的生活环境是法国、意大利和西班牙南部的真实写照。

地中海闻名于世的不仅有她的白色建筑，还有那如蓝宝石般清澈的地中海、明媚的阳光和遍地的鲜花。

设计元素——与大都市的生活形态有所不同，地中海风格反映了一种无忧无虑和随意放松的生活态度。装饰色彩和建筑材料都是家乡本地出产：赤土陶瓦、粗切石材和松木等等。

室内色彩——地中海风格的色彩有如大地般生动、鲜活：黄色、橘黄色和深红色；也有如鲜花般艳丽：淡紫色、深紫色和金黄色；更有如森林般茂盛：从深绿色到淡绿色。

地中海风格

肌理与布艺——地中海风格的肌理特征如大地般粗糙：墙面效果用灰泥或者拉毛水泥制造出来；地面效果由随意铺贴的瓷砖或者大块的松木板产生；白色拉毛水泥墙与深色木梁形成鲜明的对比。

水景——水是地中海风格主要的设计元素之一。无论是内院的叠喷泉，还是用瓷砖装饰的墙喷泉，处处都能让你感受到水的灵动。

家具与饰品——地中海风格家具是实用、朴实、随意和亲切的。一张够8～12人使用的餐桌是必需的，因为地中海人的厨房永远都是对邻居和朋友开放的。

地中海风格饰品同样反映了其一贯的特色：粗制铁件制作的五金件，马赛克铺贴的桌面，铜或铁制成的炊具，朴拙、实用的陶器，用大蒜、辣椒、花卉和洋葱制成的挂件等，它们无处不在地展现了地中海风格的独特魅力：热情奔放、热爱自然、享受生活。

如同地中海风格中的璀璨明珠，托斯卡纳风格以其金色的骄阳、错落有致的农庄和一望无际的葡萄园闻名于世，在托斯卡纳的空气中都能闻到葡萄酒的芳香。

折中风格

Eclectic Style

　　折中风格似乎是给那些什么都想要的人设计的。事实上，折中风格追求的就是将不同风格的元素混合在一起后所产生的微妙的视觉效果，就好像一个乐队里有不同的声音（乐器）来共同演奏一首曲子一样。折中的目的是为了创造出某种新的面貌或者开拓一种新的风范，折中风格表面看似漫不经心，实则处处隐藏了设计师的良苦用心。

　　一个喜爱折中风格的人必定是一个喜欢尽情地享受不同式样带给他/她某种视觉快感的人。在时装设计领域，折中早已成为创造某种新时尚的常用手法之一。一个成功的折中风格设计，需要设计师具有极高的艺术修养和深厚的理论功底，否则极易沦为一个杂乱无章的堆放场。

　　折中风格的美来自从对比中寻求协调。要在家中实践一个折中风格的装饰，首先要确定你"心中最爱"的饰品，然后再去发挥你的艺术天赋。折中就好比创意与革新的指纹，取材于不同时期和不同风格的饰品，它的美感建立在极具个性的即兴发挥和灵感闪现之上。

　　折中风格能够立刻让房间从单调乏味变得时髦高雅起来，虽然它是将众多不同的装饰风格混合在一起，创造出功能实用而又变化多端的装饰效果，并且也没有一个固定的法则让人去遵循，但是仍然有一些有益的建议可以帮助我们去实现自己的理想。

①

① ~ ② 折中风格

　　首先需要确定的是色彩，选择一种具有个性的色彩，这个色彩没有任何限制，但必须是你自己喜爱的色彩。然后要选择两件最吸引你的物品，比如花瓶、桌布或者艺术品等。做出这三个基本选择的原则是它们必须具有某个共同点，如相近的色彩、相近的式样，或者相近的时期等。以这三个基本选择为起点，进一步选择近似的物品，它们包括近似的式样、色彩、时期、材质和面饰等。

　　注意避免那些与三个基本选择相矛盾和冲突的任何物品，这样可以避免潜在的混乱效果。但是对于具有个人品位的美术和摄影作品，可以尝试用明显差异的方法去展示，例如用不同的画框来展示彩色、棕褐色和黑白这三种效果的摄影作品。充分利用折中风格无拘无束的特点来发挥你的艺术天赋，就是折中风格最大的魅力。

　　折中风格是随意和亲切的，它能使整个家居显得非常自然而充实，唯一难以预测的是它的视觉焦点。紫色和粉红色的混合，传统和现代的混合，统统都不是问题。有心做折中风格装饰的人能够让那些看似不相干的东西紧密地结合在一起。

　　折中风格并非意味着一定是老式或者传统的组合，它只强调其独特性和唯一性，同时还要展现其高超的艺术涵养。折中风格基本上是建立在混搭的概念之上，所以一个成功的折中风格取决于设计者的创意和个人品位。

3.10 异域风格

Exotic Style

异域风格被誉为"没有国界的装饰风格"，只要你愿意，世界上任何一个地方的装饰艺术都可以为你的家增光添彩。你可以将某个被遗忘的角落用艳丽的纱丽打扮成印度风情，或者在某片空白墙面上悬挂收集来的手绘面具或者画卷，当然如果条件许可，你还可以把整个家居改造成某个遥远的国度。

虽然异域风格的设计灵感可能来自法国、意大利或者西班牙，但是最受欢迎的异域风格来自东方，包括中国、日本、印度尼西亚、印度和菲律宾等国的独特风情。东方风情的异域风格总是带给我们一份神秘而又遥远、充满迷人风光的神往。几十年来，东方风情对西方艺术的影响日增月盛，传统东方世界对自然材料的运用，对心灵的解读，以及对色彩的包容等，与西方世界迥然不同。

东方家具所散发出的那股深远的文化和历史韵味，由深邃的哲学思想和宗教伦理指导之下的美学理念，已经足够让西方世界为之倾倒。其原因还在于东方风情的异域风格与现代西方世界还能够融合得如此和谐，那是因为生生不息的东方文化所独具的魅力依然具有旺盛的生命力，让时空穿越变得畅通无阻。

异域风格追求的是一种或者几种异国情调的大团圆，它可能来自南美、非洲或者亚洲，无论你是否去过实地，只要你喜欢，都可以把它们当作整个家庭的一部分，这正是异域风格的魅力之所在。通过家具、织物、饰品和艺术品的穿插应用，世界因此变得没有隔阂。异域风格的另一大魅力还在于每个人对于不同异国风情的理解和诠释，从而创造出这个世界上独一无二的家庭装饰。

色彩——异域风格常常需要用具有代表性的色彩作为其装饰的基本背景。例如印度的墙面通常为橘黄色，其织品色彩包括绚丽的紫红色、深橘红色、蓝绿色、紫色和绿玉色等；北非摩洛哥的色调基本以蓝绿色为主，以及白色瓷砖和深色木作；非洲的色调主要体现了大地的色彩和动物的图案；东方的典型色彩包括浅棕色、淡绿色、亮黑色、白色与红色等；法国放荡不羁的波希米亚文化独爱斑驳的蓝色与绿色、古色古香的壁纸和金色的点缀；热带丛林风情自然少不了森林绿色、亮橙色、浅黄色、天蓝色和红色等。

家具——只需要几件具有代表性的家具就能够迅速地表现出某种异域文化的特色。例如客厅里精雕细琢的咖啡桌，垂下的金属骨架灯笼映照下如剪影般的图案，反映出摩洛哥

异域风格

的艺术气质；卧室里磨损的铁架床被漆成了白色，挂上洁白的蚊帐散发出巴厘岛独有的风情；一把复古的红色天鹅绒贵妃椅勾起大英帝国的情怀，加上一个黑色的靠枕在上面又回到了哥特时代；用铁皮连接的原木家具、深雕的花边和手工锻铁的饰品让人不禁想起南美的墨西哥；法国人喜欢在其衣橱的门面上雕绘花边和图案。

织品——异域风格的织品既有其实用性，又有其装饰性。古色古香的纱丽饰以闪亮的坠珠可以用来装饰窗户，也可以当作床罩或者桌布；把编织挂毯悬挂在墙面上，可以给房间增添色彩、深度和纹理。你可以通过周游世界去收集各种喜欢的手工织品，组合几块小织品或者单独一块大织品并且将它们绷紧固定在画框内用来装饰墙面。

3.11 新东方风格

Asian Style

　　无论你是否了解东方，你都可以把家居装饰成一个独一无二、丰富多彩、清新淡雅和舒适随意的东方家园。新东方风格包含了一个庞大的区域，里面的各民族家居文化有许多共同性，也有不少差异性。其中以中国和日本为新东方风格的代表国家，同时融入了印度、斯里兰卡、尼泊尔、马来西亚和印度尼西亚等国家元素。

①

②

　　广泛地说，我们可以把新东方风格分成三个分支：①以深厚文化为内涵的中国意境；②以含蓄内敛为核心的日本禅意；③以远古异域为特征的印度精神。对普通人来说，你并不一定要真正了解和掌握这些代表古代东方文明的国家才能够做好新东方装饰，关键是要发挥自己的想象力去感受它们，并努力从中获取设计灵感。

　　对那些有机会亲自与东方文化接触的人来说，融入是了解东方文化的最佳途径。你甚至可以学会如何与当地卖纪念品或者手工艺品的小贩讨价还价。如果你不想过于亲近实地体验，那么也可以通过许多其他的途径去了解东方文化。毕竟我们生活在一个资讯发达的时代，学习和了解别人的长处可以弥补自己的不足。

　　新东方风格的装饰特点为放松、灵活性和包容性大，它完全可以依据每个人的个性、兴趣和爱好来打造独特的装饰效果。你完全可以按照自己的喜好和

③ ④

① 东南亚的新东方风格
② 印度精神的新东方风格
③ ～ ④ 中国意境的新东方风格

理解来挑选色彩、织品、家具和饰品等，最后的结果一定是你自己喜欢的新东方风格。下面的一些建议将有助于人们学习从基本入手进行新东方风格的室内装饰。

色彩——灰白和中性的背景色彩是新东方风格的最佳基调，而个性色彩来自点缀的饰品。你也可以把某片墙面漆成强烈的色彩，这样的新东方风格将更有现代感。对于喜欢印度式的新东方风格的人来说，那些热烈和浓郁的色彩，如红色、橘色、紫色和紫红色比较适合。而对于喜欢热闹的中式新东方风格的人来说，红与黑是永恒的色彩搭配。日式的新东方风格偏爱冷静与和谐，适合于用暖中性色调和绿色调。

地面——新东方的地面以实木地板为主，别忘了铺上几块华丽、柔软的东方、印度或者波斯地毯，它们能够使新东方风格的感受更加真实。混搭是决定新东方风格是否成功的关键因素。

家具——新东方风格的家具并非一定要古董家具，只要简单、朴实就行。注意混搭家具的款式不要太多、太杂，以免混乱，难以达到协调统一的效果。挑选1~2件造型和尺寸都很特别的家具，避免整体效果趋于平淡。虽然大部分的东方家具以深色实木和造型简洁为主，但是我们总能够找到一点雕刻和绘画都很精美的家具。

织品与配饰——饰有华丽图案的织品是新东方风格的装饰要素。注意整体色调的和谐统一，如红色调与橘色调，绿色调与蓝色调的搭配。织品被广泛应用到靠垫、椅垫、墙

日本禅意的新东方风格

饰和窗帘上面。印度纱丽是种非常不错的窗帘布料。饰品多半来自你在亚洲各国旅游的收获。如果没有那么幸运去周游亚洲，发达的商业流通仍然不会让我们失望，需要的只是一双敏锐的眼睛。

　　具有永恒美感的新东方风格的家具与现代风格毫不冲突。事实上，西方与东方文化与艺术的交流与传播由来已久。毫无疑问，传统的东方艺术所表达出的优雅和精巧一直吸引着我们，无论是在东方还是在西方都是一样，所谓艺术无国界。

新怀旧风格

Shabby Chic Style

如果你不想花太多钱，但是又希望显示出低调与典雅，新怀旧风格再合适不过了。新怀旧风格以其浪漫、舒适、亲切、简单、实用和明显的年代痕迹而被越来越多的人所喜爱。这是一种适合于任何建筑特征与环境的室内装饰风格，它更强调一种生活的理念，而非具体的装饰细节。以下一些关于新怀旧风格的基本设计要素有助于我们了解新怀旧风格。

家具套——家具套是新怀旧风格的标志性符号。因为家具套不仅让旧家具焕发青春，而且还是购买旧家具的经济手段。新怀旧风格的室内装饰中常爱用白色家具套且常用于沙发和椅子。

不成套的印花布——印花布与白色的家具套形成对比，常用于靠垫、椅垫和床品等。布料图案不仅仅限于花卉，它还可以是条纹或者任何普通花色。这些不成套的印花布看起来像是拣的商店尾货，但是给人感觉非常舒适、放松和随意。

油漆家具——重新油漆是新怀旧风格的另一个标志性符号。为了把从旧货市场淘回来的不成套家具统一起来，我们需要把它们重新油漆成标志性的白色。通常是把旧家具重新

①~③ 新怀旧风格

①

②

① ~ ② 新怀旧风格

粉刷几遍，然后在所有凸出的边缘用砂纸打磨出自然磨损的痕迹。

花卉——无论是在花园采摘的还是从花店买来的鲜花，都能够给人带来轻松与色彩。新怀旧风格的花艺讲究随意摆放，并且会放在几乎每个房间。

独特的灯具——那些看起来像是从旧货市场淘来的灯具（包括吊灯和台灯）与重新油漆的旧家具反而相得益彰。台灯也会重新油漆成白色。灯罩一般用印花布料加上蕾丝花边。

旧饰品——除了老式的布艺，如被子、桌布、手帕、蕾丝和床罩等，旧玻璃器皿、瓷盘、水罐、古董瓶等任何祖母童年时代用过的物品都是新怀旧风格所寻找的饰品。

新怀旧风格看上去并不完美，但是正因如此才留给我们最大的创作空间。正是它利用老旧的物品经过改头换面和重新组合后所展现出的新面貌吸引了我们。这一将旧物品赋予新生命的绿色环保理念使新怀旧风格在近年来广受欢迎。

新怀旧风格强调年代磨损带来的亲切感。它通常需要把墙面漆成白色或者乳白色，最后营造出一种梦幻般的白色世界，是一种非常适合女性的家庭装饰。有一句老话"你不需要的废品也许正是别人寻找的财富"，正是新怀旧风格的真实写照。所以，营造一种新怀旧风格并不难，你只需要为此努力去寻找那些属于另一个时代的旧物品。

海岸风格

Coastal Style

大海总是带给人们无尽的遐想，无论是沙滩住宅还是海边小屋，甚至是湖边度假屋，所有的设计灵感均是来自大海。这是一个非正式的私人领地，随意而轻松。你可以在这里展示你的圆石收藏、看起来像岸鸟一样的浮木、家族的传家宝贝和发黄的老照片等。

一个令人心旷神怡的海岸风格并非一定要靠近大海或者湖泊，它是给那些热爱海洋的人们驰骋他们无穷想象力的王国。窗前是一望无际的碧海白沙，墙壁、顶棚和地面仿佛也都融入到了空气之中。

每一座海岸都有其独特的魅力，并且深深地影响着其周边的风土人情和生活方式。海岸风格必然会与海岸、沙滩、航海和大海等主题相关，这些都是海岸风格取之不尽的设计元素。海岸风格的装饰特点包括随意、清新、淡雅、舒适，并且富有海洋的气息。任何人只要遵循以下这些设计要素，做出一个原汁原味的海岸风格并非难事。

色彩——海岸风格的主色调包括蓝色、白色、浅蓝色、浅奶绿色、沙褐色和浅黄色等，墙面与顶棚的色彩来自大海的蔚蓝色。

家具——海岸风格不拘泥于任何风格的家具，只要它们看上去随意和舒适，如一种白色的沙滩躺椅。建议随意、零散地把家具散落在房间的四周，避免摆得太满。

灯具——少用吊灯，多用落地台灯、桌上台灯和白色或者蓝色的吊扇，灯罩为白色。

① ~ ② 海岸风格

①～②海岸风格

材料——尽量选择自然的材料，如藤条、柳条和瓷砖等。

地面——木地板上铺短绒区域地毯，以及蓝色调的地垫和剑麻地垫。

鱼缸——可以考虑在客厅里安装一只热带鱼缸，目的只是为了烘托气氛。

墙饰——海岸风格的墙饰必定与航海有关，如船桨、救生圈和船舵之类；或者是与沙滩有关的贝壳与海星。用贝壳做成的相框主题包括贝壳、岸鸟、灯塔、渔船、鹈鹕和海鸥等。墙饰应该悬挂在墙饰的中心线与眼睛的视线平齐的位置，其顶部和底部都不需要对齐。

窗帘——海岸风格的窗帘应该尽量简单，如果窗户面对一片蔚蓝的大海，任何窗帘都会显得多余。选择白色的轻薄材质窗帘最好带有与海洋和沙滩有关的图案。

织品——海岸风格的卧室通常会用白色的床罩，或者白底蓝条纹和蓝方格的棉布。带蓝、白色调的靠枕可以用在几乎任何房间。

饰品——海岸风格的饰品包括各种船舶模型、旧航海定向仪、灯塔模型、热带鱼模型和镜子等。

南方风格

Southern Style

真正享受南方风格的人往往在潜意识里无比向往人生的极大乐趣，并且喜欢与往日的优雅结伴。他们不热衷于复制历史上任何特定的装饰风格，所有的设计元素均扎根于大自然，包括色彩与材料。

迷人的南方风格意味着老式的田园农舍，人们常常把它与"田园风格"混淆。它的装饰特征以舒适和浓厚的家庭氛围而著称。这种装饰风格不以博取大众对其漂亮外表的赞赏为目的，而只以让人感到宾至如归为己任，也许南方风格是对家庭温馨的最佳诠释。

色彩——南方风格的主色调为中性色，墙面常常漆成柔和的米黄色，并且绘有葡萄藤、水果、花卉或者公鸡等图案作为装饰。水果图案常用苹果。

家具——在南方风格的家里常见家传古董级的家具。旧家具是南方风格一个重要的标志。柳编家具是对美国南方闷热、潮湿气候的真实反映。餐厅里多半会有一张能够让全家人围坐一天的大餐桌。

织品——南方风格的家庭充满着柔软、舒适的织品，织品上的图案包括花卉、条纹，

南方风格

或者干脆就是白布。手工拼花的盖毯是南方风格的另一个重要标志。几乎每一个房间都会用到区域地毯，甚至是在门廊也会用到它。室内地毯通常为柔软的棉质地毯，为了使脚感更舒适，甚至会用到羊毛地毯。也有人喜欢将黄麻地毯放在使用率高的客厅。南方风格的地毯往往为带有乡村色彩的海军蓝或酒红色。

饰品——随处可见亲属和祖先的旧照片，谷仓、五星、牲畜的小雕塑或者模型，有关奶牛或者公牛的艺术品等。南方风格仍然会保留一套精美的瓷器放在展示柜里。建议多用锻铁铁艺，或者是生锈的金属，避免用任何金或者银的饰品。

地板——南方风格的地面通常用木地板，上面必然会铺上地毯。

① ~ ② 南方风格

这种充满西部风情的装饰风格，总让人不禁把它与西部牛仔和粗犷豪迈的西部生活联系起来。它看起来与乡村风格几乎一样，不过西部风格的家庭装饰更加温馨亲切、朴实无华，各种丰富的织品和温暖的色调贯穿了整个空间。西部风格可以通过很多装饰元素来展现，也很容易因为过度装饰而毁掉一切。注意我们是要一个温暖的家，而不是一个西部博物馆。你可以根据自己的爱好来选择一个经典、纯正的西部风格，或者是混合了传统与当代的西部风格。

大量采用自然材料是西部风格的关键要素，它们包括石头、木头、金属和皮革，以及羊毛、桦皮舟、珠饰品和鹿角，都在西部风格中扮演着重要的角色。西部风格的原木家具粗大、朴实，无任何精细的细节，材料通常用松木和橡木。

西部风格的主色调为浅蜂蜜色，辅以灰色的石头和黑色的金属。点缀色彩常常用砖红、陶砖赤土色、森林绿和海军蓝等。

西部风格的装饰图案包括牛仔、牛、鹿、熊、麋鹿、渔具、群山、松树、橡树、松果、橡子、树叶、骏马、湖泊、河流、骑马、垂钓、狩猎、野花和绿草等。

西部风格的织品像牛仔布一样坚硬耐磨，质感丰富。常见的皮革、绒面革、羊毛粗花呢、斜纹粗棉布、机织地毯和毛皮等，它们大部分都具有粗糙的表面。一些柔软的织品，如绳绒线和挂

① ~ ② 西部风格

西部风格

毯也很常见。色泽丰富的大手帕可以用做餐巾、枕巾、窗帘钩和帘头等。

怀旧是西部风格的特质，所以那种带裂缝的皮质搁脚凳、风化的农用器具、陈旧的印第安毛毯、有锈迹的马蹄铁壁灯、老旧的鱼篮、柳枝编织的相框和干燥花等都是最好的西部饰品。

地面通常为实木地板，上铺短绒或者平织地毯，有时候会用到真兽皮。

鹿角枝形吊灯是西部风格的标志性灯具。台灯罩用拉伸的生牛皮或者金色云母，它们能让灯光更加柔和。

西部风格的窗帘非常简单，有时候甚至没有任何窗户处理，因为窗外是一片美丽的西部景色。木质百叶或者平直的罗马帘也很常用。

铁艺五金件是西部风格家具的标准配件，一般用于把手、拉手和铰链。此外还有金属龙头、铁艺台灯基座、枝形吊灯和壁炉罩等。

西部风格的室内装饰常常是油画、素描、老照片、深褐色的插图和旧西部明信片等。

如果你喜欢充满活力的色彩，并且热爱温馨、亲切的居住环境，那么西南风格也许正合你意。西南风格的色彩基本由灿烂的红色、橘色、绿色和蓝色所组成，同时也加上一点大地的色彩。这是一种有助于家庭生活、玩游戏、轻松娱乐和亲朋好友相聚的家庭装饰风格，它能够让每一位家庭成员和宾客都备感放松和舒适。

西南风格的装饰元素体现了真实、自然的美国民间艺术：沙漠或者群山的风景画，亮丽色彩的地毯和靠枕，鲜艳夺目的墙漆等。你也可以发挥自己的创造力，用金属制作充满现代感的墙饰。总之，西南风格的家庭装饰与单调乏味无关，让你愿意待在这个充满活力的家庭。

人们通常假设西南风格仅属于美国西南部的新墨西哥州、亚利桑那州，或者还包括加利福尼亚州。典型的西南风格房屋特征为赤陶瓦的屋面和泥砖砌筑的墙体。事实上，西南风格适合于任何家庭，因为它的最大魅力就在于利用自然的装饰材料将自然美景与家庭魅力融为一体。

色彩——来自沙漠的色彩是西南风格的创作源泉，各种绿色与大地的色调，如仙人掌、风滚草，以及沙

西南风格

丘变化多端的色彩，还有仙人掌花特有的各种粉红色、紫色和红色。让我们闭目想象一下西南大地日升、日落的时光，阳光洒满大地，给万物镀上一层淡淡的金色。那些织品、饰品、墙绘和墙饰均带有一些蓝色、紫色和橘黄色调，就好像是与生俱来。

肌理——典型的西南风格肌理是土生土长的美洲原住民的民俗与传统世代传承的见证。那些手工编织的地毯和挂毯既可以铺在地上，也可以作为沙发靠枕和椅垫，或者直接悬挂在墙壁上。它们通常由不同颜色的羊毛编织成众多条纹，用途非常广泛，与室内其他色彩交相辉映。注意这些色泽丰富的地毯在室内空间所占据的主导地位，设计时应该有意降低其他饰品的色度以免眼花缭乱。

材料——西南风格最显著的装饰材料是木材，它的表面既不规则又凹凸不平。所有的细节均非常简洁、明了，无多余、繁复的装饰线条，并且尺度粗大。建议尽量保持家具木材的自然美。如果想油漆它们，最好选择米黄色、乳白色、黄褐色和红褐色；待油漆干后再用砂纸把表面细细打磨一遍，制造出岁月磨损的痕迹、乡村的感觉。另外的装饰材料还包括皮革、反毛皮、染色羊毛和棉布，还有用激光切割冷轧钢制作的墙饰。这些纯天然的材料延伸至室外，与石板和赤陶砖铺设的花园小径融为一体。

饰品——西南风格的传统饰品非奶油与面包莫属。它们注重家庭的氛围，不张扬。纳瓦霍人（美国最大的印第安部落）将色彩绚丽的地毯挂在家里的任何地方都能够散发出不可思议的魅力，如同那些手绘的彩陶一样世代相传。那些肉质植物，如仙人掌之类的保水植物以及花卉等都是很好的饰品。将抛光的石头放在玻璃碗或者花瓶里，模仿风滚草那样用皮条绑住一捆干枝条……西南风格非常适合于发挥自己的创造力，只要它们看上去赏心悦目、富有创意。

都市风格 3.17

Urban Style

　　都市风格源自现代都市狭窄、拥挤的生活环境。事实上，都市风格非常适合于现代单层公寓或者单间公寓的室内装饰。都市风格信奉现代极简主义锐利造型和简洁的线条，摒弃了一切多余的传统线条，但是仍然以其锥形或者曲线形的轮廓和轻松的线条而著名，营造出当代都市快节奏的生活特征。

　　如果你是个喜欢安静、温和色彩的人，并且沉迷于乡村农舍的生活情调，喜欢收集那些带有尘埃的旧物品，包括一些家族的传家宝和旧货市场淘来的宝贝，那么你可以把自己的公寓打造成一种更有生活趣味的都市怀旧风格。在这里通过你的收藏品，而非时髦的现代商品来展示你的个人风采。

都市风格

都市风格

都市风格的家具和灯具不在乎是新的还是二手货，只要你喜欢它，并且尺寸合适就可以带回家。都市风格与拘谨和一本正经无关，家具和其他饰品都可以来自不同的地方和属于不同的时期。注意保持都市风格的空间感和整洁是装饰成功的秘诀。

色彩——都市风格偏爱用中性色系和大地色系作为背景色，有时候为了与家具形成对比，也用饱满的色彩做背景色。

家具——都市风格的家具具有强烈的金属质感，与玻璃的搭配，还有皮革躺椅，都是流水线上生产出来的现代商品。造型简洁、颜色深沉、表面光滑的娱乐中心、咖啡桌和边桌，造型独特的多功能沙发，曲线形的椅背，餐桌腿的造型可以更有创意。

饰品——现代的、传统的、另类的和复制的饰品都可以在这里相聚一堂，注意避免让都市风格的家成为饰品的堆积场。

窗帘——简单、轻薄的窗帘式样，也可以选择木质的百叶帘或者垂直帘。

地面——木地板或者铺贴瓷砖，上铺区域地毯。

都市风格还可以通过自然织品，中度深色或者深色的木材，丰富的中性色彩，以及铁和玻璃的饰品把当代与传统结合起来。不过，这里的传统并非维多利亚式的传统。我们需要的是更丰富、整洁和更具空间感的装饰效果，所以任何复杂、粗大的物品都将被拒之门外。

复古风格

Retro Style

　　虽然我们都知道"复古"意指过去年代的陈旧式样，但是在家庭装饰风格里面，这个复古风格专指20世纪50~70年代的装饰风格。二战之后，人们既满怀希望，又充满迷幻，前面似乎是一片光明灿烂的明天。复古风格就是这样的时代背景下的产物：快乐的现代风格。

　　其实每一个十年都会流行不同的材料、式样、色彩、产品和小玩意儿，今天这些过去的时髦在将来又会成为时尚的新宠。二战之后涌现出了许多新兴材料：胶木、塑料、玻璃纤维和胶合板等。想象一下黑白色调的棋盘格地毯与镀铬和黑塑料镶面之间取得的平衡。早期的复古风格喜欢用带有硕大花卉图案的壁纸。那个年代的人们对外太空如着了魔般的向往，因此，火箭、星球、卫星和空间站的图片还有原子挂钟均成为复古风格的重要标志。此外还有点唱机也曾风靡一时。

　　并没有一个统一的复古风格格调，然而，只要掌握了一些基本的装饰法则，每个人都可以创造出只属于他自己的复古风格。令人兴奋的复古风格装饰特点包括明亮的色彩、时

复古风格

复古风格

髦的式样和花哨、热闹的整体氛围。

色彩——鳄梨绿是复古风格的标志性色彩之一，此外还有芥末黄、黑、白、红、紫色和桃红色。常见在一件家具上面呈现多种色彩的情况，如橘色、绿色、紫蓝色与黄色。

家具——具有现代抽象风格的造型，每一件都很突出、醒目。宽敞、拉长的沙发用多彩的靠垫点缀，石灰绿色的豆袋椅，闪亮的镀铬酒吧高脚凳与红色的坐垫。手套椅成为复古风格的标志之一。

灯具——带方形或者穗饰灯罩的落地台灯和桌上台灯，还有圆柱形的吊灯。

织品——复古风格偏爱富有肌理感的长绒地毯、光滑的塑料制品、柔软的塑料布和破碎的天鹅绒，还喜欢扎染布料、棋盘格图案和佩斯利花纹。

饰品——毛茸茸的区域地毯、彩色的串珠门帘、火山岩形的台灯、冰鞋形的桌子、椭圆形的高脚凳和独特的现代抽象雕塑或者绘画。避免那种无任何实用性的纯粹装饰品。

地面——复古风格的地面材料只有三种选择：木地板、长绒地毯和铺成棋盘格图案的地砖。

墙面——在这里壁纸与墙漆并存。

复古风格强调所有物品的实用性和功能性，所以，其家具必须坚固、耐用。复古风格打破一切成规旧俗，不拘泥于任何有关色彩和形状的混搭规则。

PART 4

户型设计

Decorating House by House

　　住宅的类型根据面积的大小和所在的位置等因素，基本划分为单间公寓、单层公寓、复式公寓，到联排别墅、独栋别墅、度假别墅，每一种类型都代表着一种独特的生活方式，因此也存在着某种与之相对应的装饰要素和功能要求。只有把最恰当的装饰要素和设计手法应用于最合适的户型之中，才能使每一种户型散发出其独有的魅力；反之，其效果可能适得其反。

度假别墅

Vacation House

　　度假别墅是中、上阶层远离都市度假和休闲的另一个住所。一般不是靠近江海湖泊，就是隐蔽于绿野深山。主人并不经常住在那里，所以并不需要豪华。虽然古代中国也有别墅的概念，但是我们今天所认识和了解的别墅文化却是来自欧美。最著名的度假别墅在古罗马时期就已经非常普遍。罗马度假别墅由众多配套设施所围绕，如热水、马厩、储藏库、葡萄酒窖等，别墅周围必定会有大片的自然景观和农田，所以当时的度假别墅能够自给自足，在战乱的时候甚至还有自卫的功能。

　　欧洲第二个建造度假别墅的高峰出现于文艺复兴时期。有钱人大量模仿罗马式别墅，不过这个时期的度假别墅已经趋向于重现乡村悠闲的生活情调。受到罗马的影响，这个时期的度假别墅也是由精心设计的花园所包围，并且带有马厩。随着时间的推移，度假别墅的概念也发生了巨大的变化，但是它在人们心目中的地位却从未改变。

　　度假别墅是专为那些热衷于享受休闲时光的人们而建造的世外桃源。与普通房屋不同，度假别墅强调与自然环境的融合。它与人们所想象的不同，不需讲求排场，追求随意、轻松和愉快的意境，有时候人们也称之为乡间别墅。

　　度假别墅并非豪宅大院，它体现的是主人无拘无束、随心所欲、回归自然和趋于淡泊

度假别墅

的心境。其室内装饰的特点为浪漫、怀旧、安逸和放松。它不讲究任何装饰风格，只要是主人喜欢的配饰、饰品和织品，都可以随意地组合搭配。

1 近水度假别墅 ●●●●●●●●

它无须任何修饰，但是线条干净、简练，没有厚重的地毯，油漆的木地板铺上帆布地毯，特别方便打理。柳条编织品很适合这里。就算你有笨重的高级家具，在这里也没人会在乎它的价值，把它漆成浅色或者白色又何妨。清淡柔和的色彩使别墅看上去更清新、舒畅。

近水度假别墅喜欢用红、白和蓝的色彩组合，因为它们总是能激发人们关于水的联想。这种别墅常用带大花朵或者条纹的印花棉布、粗斜纹棉布和帆布等做装饰。因为近水度假别墅与美丽的水景相伴，因此窗户的处理应该尽量简单，最好只用薄纱窗帘。还可以用贝壳、浮木、柳编篮筐等实用性饰品。不过度假别墅以度假为主，完全没必要做过多的装饰。如果没有专人维护，这里的家庭杂务应该降到最低，没有人愿意在度假期间不停地搞卫生和整理物品。

2 林中度假别墅 ●●●●●●●●

你无需是一名强壮的伐木工人才能享受林中度假别墅，谁不愿意享受树林里烤肉的美味、蟋蟀的弹琴和溪流的淌水声呢？在这里，你就与群山、树林和溪流融为了一体。林中度假别墅追求温暖与舒适的美梦。各种不同的木质家具汇聚一堂，特别是那些原木家具、工艺美术风格的家具和传教士风格的家具、它们都能够与藤编家具和睦相处。在这里放一两张皮革沙发是很好的点缀。

林中度假别墅的墙面通常为木镶板或者擦色油漆。它的织品多选择温暖的羊毛、法兰绒、棉布和亚麻布；常用直线型的窗帘，并且在窗帘顶部带帷幔。它的图案以苏格兰方格、野生动物、佩斯利花纹或者几何图案为主。它的饰品包括老式台灯、锻铁铁艺、陶器、自然景观油画、鱼和动物的标本，以及户外垂钓和狩猎的工具等。林中度假别墅的室内装饰最忌讳矫揉造作。不管是一具手工雕刻的灯塔，还是一个真正的鸟笼，只要它们是真实和简单的，就能够让自己的度假别墅永葆魅力。

独栋别墅

Single House

独栋别墅是指在市郊成批建造的，带前、后花园的独立住房，周围并无自然景观可以欣赏。独栋别墅需要在自己的周围建造可供休息、娱乐和玩耍的人造花园，所以人造景观、小径、花槽和游泳池等成为独栋别墅的组成部分。室内装饰方面，它的客厅、厨房和餐厅必须联成一体，如果装饰材料采用木材与石材，将会给独栋别墅带来自然的气息。

独栋别墅的平面布置、面积、楼层数和立面风格有一个很大的范围，因此独栋别墅的室内装饰档次也有着天壤之别。在准备进行独栋别墅室内装饰之前需要考虑以下几个方面。

预算——首先确定自己能够承受的经济支出，它是决定别墅装饰最后内容、效果和品质的因素之一。同时确定别墅装饰的重点，因为它会影响到总体预算。

家庭成员——应该让全体家庭成员参与到别墅装饰内容讨论之中，把每个人的期望与要求很好地融合，因为这是全体成员的家。

储藏空间——任何别墅都需要足够的储藏空间，否则将很难保持室内环境的整洁和美观。

外观——每个人都需要认真考虑自己房间和整体空间的最终装饰效果，包括家具和窗帘的式样、墙漆的颜色和灯具的款式等。

维护——无论何种装饰风格都需要一定的维护工作。对于没有太多时间和精力做家务的主人来说，过于复杂，并且难以保持清洁的装饰风格或者项目就只有忍痛割爱了，除非另外请人来定期完成这项工作。

在开始进行独栋别墅室内装饰的时候，我们至少需要考虑以下一些要素：家具的尺寸、式样和位置，地毯或者地板的颜色、质量和价格，电源和水管的位置、配件，厨房与浴室的布置、式样和质量，墙漆与壁纸的选择，窗帘的式样、布料和价格等。这只是整体别墅装饰的一部分。

关于装饰风格的选择，将不同的装饰风格进行混合搭配会形成非常有趣的效果，特别是当你的家具来自不同时期，并且式样不同的时候。利用靠枕、挂毯、地毯和窗帘等软配饰能够轻易地将它们联系在一起。

装饰任何一个房间都不意味着要把它装饰成百分之百的某种风格，我们只需要表现历

①～② 独栋别墅

史上某个时期、某种风格的家庭面貌，而不是复制古董。如果你喜欢殖民风格，可是家里有一把你钟爱的现代躺椅，你可以为它重新配上沙发套，使它融入到殖民风格的家具当中。只需要把握80：20的黄金比例，我们就可以轻松地在展现某种装饰风格的同时又能与其他风格的家具进行组合搭配。

独栋别墅的好处之一就是你可以按照自己的意愿去改造房间，甚至改变外观。无论如何，一些家庭装饰的基本法则将帮助你实现自己的愿望。

平衡——首先确定房间的重点部分，然后设法使次要部分与之平衡。

视觉中心——一般而言重点部分就是视觉中心。很多时候，这个视觉中心是壁炉，房间内其余的配饰将为之展开；也有可能视觉中心是某件艺术品。

协调——协调是心灵平静与舒适的一种状态。追求居住空间的舒适、亲切与愉快是家庭装饰的终极目标。

色彩——色彩是空间的另一个表象，也是家与家之间的最大区别所在。那种明确并且充满活力的色彩不仅增加了房屋的价值，而且影响着家里的每一位成员。

节奏——节奏是人在房间之间走动时，由某些有着内在联系的物品带来的视觉上的愉悦刺激。应该尽量避免那些杂乱无章的堆砌。

尺度和比例——尺度和比例是美感的来源，也是精神愉快的保证。房间内任何物品的尺寸都应该与房间的大小相匹配。太大或者过小都会造成视觉与精神上的不适。

以上是家庭装饰的一些基本法则，认识它们将有助于理解独栋别墅的室内装饰，具体的内容与方法可在本书的其他章节中寻找答案。

4.3 联排别墅

House

　　联排别墅，顾名思义，是由好几套别墅串联在一起，中间墙壁共用。每一户都可能有一小块属于自己的土地，尽管这块土地很小，你仍然有机会把它改造成一个微型的露台花园，它可以将维护工作量降到最小。摆两把室外木椅，撑一把遮阳伞，放几盆盆栽植物，优哉游哉。

　　联排别墅的面积相对于独栋别墅来说会小一些。为了使别墅的空间显得更大一点，并且减少视线的阻挡，我们应该尽量避免用隔墙、大型的组合柜和高大的家具等。

　　联排别墅的色彩不一定局限于中性色彩，也不要把相邻的房间漆成对比色，让对比色用于靠枕和花瓶等饰品。选择一种色彩的不同色调和色度会让空间更加活跃。选择淡雅或者明亮的中性色，避免深色系。

　　家具尺寸对于联排别墅的室内装饰至关重要。家具应该以小尺寸或者组装式家具为主。

　　为了增加联排别墅的空间感，必须要准备充足的人工照明和自然采光。所以窗帘应该尽量简单，以轻薄的材质为主。过于复杂的窗帘会让人在小空间里感到压抑。

　　可以多采用一些镜子，多选择一些小尺寸的油画和照片等，避免大型艺术品。

　　尽量减少那些不必要的家具或者放弃那些不需要的物品，这样有助于增加联排别墅的空间感。

①～③ 联排别墅

复式公寓 4.4

Duplex House

　　复式公寓，又称双层公寓，通常客厅、厨房和餐厅放在一楼，卧室和浴室则在二楼。称之为公寓，是因为它的上下左右可能都有邻居。

　　虽然复式公寓可能没有户外空地，我们仍然可以在阳台上营造一点户外的小环境。例如在地面铺上鹅卵石或者踏脚石，顶棚挂上几串风铃，建造一个小型的花槽或者小鱼池，摆上几盆盆栽植物。

　　如果从阳台能够看到邻居家，可以考虑安装一个竹帘或者固定一个木格架，让藤蔓植物爬满格架来阻挡视线。与自然的亲近可以缓解精神上的压力，使人心情愉快。

　　复式公寓往往有一个双层楼高的客厅，并且有至少一组双层窗户，处理好这些窗户将决定着复式公寓的整体装饰效果。

　　色彩——暖色调适合于高耸的室内空间，使人感到温暖与亲切。把门、窗套和其他装饰线条漆成白色与空间内黄褐色和褐色的墙面形成对比。也有人把挡椅线安装在约一层楼的高度，将它漆成木色，以此为界线，上浅下深，或者反之。下半部的色彩明亮，如橘色，将带来快乐与活力；如果色彩深沉，将给人印象深刻。

　　家具——把沙发布置成面对面，或者是"L"形和"U"形，围合成一个舒适的交谈区域。

复式公寓

窗帘——对于上、下双层窗户，可以考虑上层遮阳帘，下层窗帘，注意窗帘的式样和花色与整体风格保持一致。如果上层窗户很小，那么无须作任何处理；如果上、下窗户的宽度一样，并且它们之间的墙面不是很宽，可以用从窗顶垂到地面的窗帘遮掩上、下层窗户，有助于减少噪音和回声，同时增加温暖。

地毯——注意地毯的花色与窗帘的一致性，地毯也有助于吸音。

墙饰——很多双层客厅都会有大片的空白墙面，可以用镜子、挂毯、铁花、大挂钟、壁灯和油画来装饰。如果窗户的上方有一片空白墙面，可以在那儿悬挂一面镜子。

饰品——台灯、烛台、相框、绿植和花卉都是双层客厅的理想装饰品。

①～③ 复式公寓

单层公寓的面积通常不大，并且所有的房间都在同一层，它的上下左右可能全是邻居。这种房屋完全没有私人的土地，由一个管理委员会承担所有户外公共设施的维护工作。因此单层公寓的家庭装饰完全集中在室内空间。

采用繁复琐碎的维多利亚风格来装饰一套面积有限的单层公寓显然不是明智之举。是否追随社会上的流行趋势，还是采用经久不衰的传统风格，对于房主是一项艰难的抉择。不过掌握一些基本的单层公寓装饰法则也许对你有所帮助。

色彩——很多人喜欢米黄色，但是就家庭生活空间来说，它容易使人感到枯燥、乏味。有一组非常流行于单层公寓的色彩组合：奶黄色+酒红色+灰绿色。如果你偏爱大地的气息，可以尝试用黄褐色+灰绿色+深咖啡色。单层公寓的主色调应该以淡雅和中性色彩为主，顶棚的色彩应该更浅一些。

区域地毯——如果你购买的是一套二手单层公寓，而且又不愿意更换原有的地面材料，你可以在餐桌下、沙发前、走廊里和床前的地面铺上区域地毯。

厨房岛柜——对于小面积的厨房，增加一个岛柜会增加很多实用价值，包括工作台面

单层公寓

单层公寓

和储物空间。

照明——与其在低矮的顶棚穿洞安装吊灯，不如增加一些落地台灯和桌面台灯更加灵活、有效。镜子最好安装在与窗户相对的位置，不仅能够反射窗外的景物，而且能够反射更多的光线，同时能够增加房间的空间感。

窗帘——尽量选择轻薄的窗帘布料和简单的窗帘式样，或者只是百叶帘也能够满足功能需要。

家具——选择小尺寸的家具，避免大家具使有限的空间变得拥挤不堪。在餐桌和咖啡桌上放一块玻璃也可以增加空间感。多考虑那种多功能的家具，如沙发床之类；或者是带储藏功能的家具，如带抽屉的床等。

装饰工程——为了让单层公寓与众不同，可以尝试应用踢脚线、墙裙、挡椅线和顶角线。选择一面比较重要的墙贴上图案丰富的浅色壁纸，或者漆成较深的墙漆。总之，充分发挥你的创造力，单层公寓也可以变得充满魅力。

单间公寓

Studio House

4.6

现代都市的空间变得越来越拥挤，年轻人创业的第一套住房往往是单间公寓。单间公寓通常会有一个相对较大的空间、一个厨房和一间浴室。这个大空间需要划分成三个既分又合的多功能生活空间：起居空间、休息空间和用餐空间。只需遵循一些简单的装饰法则，装饰一套温馨、舒适、随意和放松的单间公寓其实非常简单、轻松。

色彩——虽然不一定非白色不可，但是浅色比深色使空间显得更大的道理已经无须重复。

分割——首先要把起居空间与休息空间分开，这样朋友来访不至于坐到你的床上去。如果单间公寓不是太小，屏风既能够灵活地分割空间，又是很好的装饰品。

家具——单间公寓应该避免高大的家具，低矮的家具会令空间显大。那种带储藏功能的家具非常适合于单间公寓，沙发床对于安排朋友非常有用。注意所有的家具都必须保证能够塞入这个小空间。

活动线路——合理地安排家具，保证室内的活动线路通畅无阻，并且减少生活区域之间的距离。"L"形的安排有助于合理分割空间和增加可用空间。

厨房——除了必需的厨房设备，如水槽、冰箱和炉灶之外，还要认真考虑储物空间。厨房应该尽量安排在房间里不影响活动路线的一角。

①～③ 单间公寓

单间公寓

　　镜子——巧妙地运用镜子是增加空间感的秘诀之一。选择带玻璃台面的桌子也能够增加空间感。

　　光线——保持单间公寓光线充足能够有效扩大空间感。避免采用传统窗帘，百叶帘和薄纱都是不错的选择。

　　视觉中心——为了避免单间公寓的空间过于平淡乏味，应该制造一个视觉中心。最简单的方法是把放电视机的主墙面漆成较深的颜色。

　　架空——多用带支脚的家具，它们比直接落地家具更加轻盈、挺拔，将有助于增加空间感。这个道理同女人穿高跟鞋的道理一样。

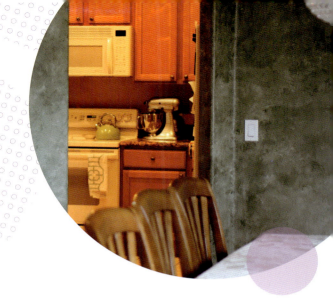

PART 5

空间设计

Decorating Room by Room

　　对大多数人来说，家庭生活总是在几个或者多个不同的房间中进行。随着现代生活的内容越来越丰富多彩，生活空间的划分也越来越细致入微。无论是聚会、娱乐和休息，还是烹饪、用餐和洗漱，每一个空间都有其特殊的使用功能和审美视觉上的要求，每一个人也需要了解更多的相关知识去满足这些要求。房间不论大小，功能不分主次，均不可掉以轻心。

阳台

Balcony

　　阳台是一个站在家里就可以欣赏到自然美景的过渡空间。一个精心布置的阳台总是令人印象深刻，哪怕是从房屋的外面都能够感受到它的魅力。

　　装饰阳台有几个方面需要考虑：

　　（1）根据季节和节日来装扮阳台，植物就是最好的装饰物。在春、夏季节里，可以在阳台上面摆放一些藤蔓植物、花卉和绿叶植物；在秋季，可以放上一个稻草人、南瓜和干草捆。充分发挥自己的想象力和创造力，让阳台变成独特而有魅力的空间。

　　（2）保持阳台的干净与整洁是为任何装饰主题创造一个良好的基础，而且干净与整洁总是让人心情愉快。

　　（3）不要为了省钱买一些价廉质劣的阳台家具，品质好的家具不仅可以保证经久耐用，而且能够展示自己的品位，使用起来更加舒适和放心。

　　现代的住房大多带有阳台，很多人只是把阳台当作晒衣物的地方，也有人把它当作储藏间，阳台上面堆满了各种杂物。其实，只需要简单的几把椅子，几盆盆栽植物，阳台的面貌就可以大为改观，变成舒适、可爱的休闲空间。一旦你有个地方可以坐着欣赏到室外的景色，你很可能会因此而养成习惯。

　　阳台的家具可以是几把椅子加一张小圆桌，或者是一张帆布折叠椅。阳台家具应该结实耐用，经得起日晒雨淋，并且清洗方便。如果阳台很小，又想放点东西，可以考虑多功能的收纳椅（上面坐下面储存东西）。

①～② 阳台

几盆放在角落里的盆栽植物能够让阳台立刻变得有生气。如果在城市里看不到自然风景，那么几盆生机勃勃的花卉和绿植也能让人赏心悦目。要根据阳台的朝向（朝阳还是背阴）来选择植物的种类，因为每一种植物的习性不同。

一个充满魅力的阳台更需要创造力和对自然美的热爱。比方说，你可以在阳台空置的地方铺上几块草皮，也可以在阳台的栏杆上挂上几个花槽。很少有人会不喜欢一个绿意盎然、充满生机的阳台。

仍然需要把安全放在第一位，因为谁也不知道什么时候会突然刮来一阵大风，把阳台上的东西给吹跑。所以，必须确定阳台上的每一样东西都足够牢固、稳妥，不会轻易地被吹跑。

在夏天比较炎热的地区，可以为阳台安装一个遮阳篷，按照冬、夏季节阳光的角度不同而仔细调整遮阳篷的长短，让阳光在冬天照进来，在夏日被挡在外。如果嫌麻烦，那么一把简单的遮阳伞也能起作用。

如果阳台够大，可以考虑安装一个阳台秋千，大人、小孩都喜欢坐，2~3把椅子和一张小桌子。只要天气允许，你一定会喜欢躺在阳台的躺椅上休息和消遣。

5.2 门廊

Porch

门廊作为美国生活的缩影，也是美国文化的象征，代表着美国民族的文化理想，无人能够统计出有多少感人的故事发生在住宅的门廊前。今天的门廊文化已经演化出了诸如露台和平台的形式。门廊也代表着美国家庭的传统生活形态。无论是一天忙碌过后在门廊歇息，还是晚上与亲朋好友欢聚在门廊举行各种派对，高谈阔论，对酒当歌，门廊好似一间半室外的客厅。二次世界大战之后，电视机的普及极大地削弱了

门廊的作用。曾经让亲友度过无数美好时光的门廊逐渐成为美国社区沟通的理想渠道，门廊的角色已经转变为私人与公众之间的缓冲区域，为社区和邻里之间的和睦做出了新的贡献，人们开始重新审视门廊的新功能和新角色。

设计一个新门廊需要首先确定其使用功能，需要充分考虑的不仅包括成年人，还应该包括孩子们，这就意味着不仅要考虑成年人交谈的地方，而且需要考虑孩子们玩耍的区域。过小的门廊几乎会失去其存在的意义，而仅仅成为一个雨棚，或者是一件摆设。

作为希望用于娱乐和庆典的门廊，需要考虑其室外电源插座；如果热爱音乐，也可以考虑室外音响设备。对于那些希望一年四季都能够享受门廊的人来说，选择部分开敞、部分遮蔽的门廊是个两全其美的方案，目前最常见的遮蔽方式是用带纱窗的铝合金门窗围合起来。

如何装扮自己家的门廊，不仅需要满足其使用功能，还要使其看起来美观、舒适。有的人疏于装饰门廊，让门廊看起来几乎成为一件摆设，也让人不愿在其间停留，必然会拒人于千里之外。为了让门廊——这个家的门脸看上去更有吸引力和亲和力，参考一些有益的建议十分必要。

色彩——选择与主题色彩统一的色彩，保持最多两种主色调与2~3种点缀色彩搭配。

源自自然的色彩包括绿色、褐色和深红色等。

织物——对于软垫门廊家具，主要考虑其耐用性、厚实度和耐阳光/风雨的侵蚀性，如此才能保证其经久耐用。

照明——如果计划在门廊度过美好的夜晚，那么应该仔细挑选室外灯具。常用的低瓦门廊灯具包括烛台式壁灯、灯笼式吊灯和室外牵绳灯等。注意在夏天使用门廊时为那些袭击灯具的昆虫准备好杀虫喷剂。

植物——在门廊上放置一点盆栽植物能够将门廊与前院很好地融为一体，盆栽植物最好是棕榈类、无花果属和蕨类植物，因为它们能够提供较好的遮阳效果。悬挂的花篮也是非常不错的门廊栏杆装饰。

主题——很多人喜欢为门廊创造一个令人赏心悦目并且印象深刻的装饰主题，例如彩色的条纹，红蓝搭配，或者是热带雨林的感觉、航海的印象等，这些都是非常不错的主题。记住无论选择何种主题，都应该注意适可而止，过度的装饰结果只会是适得其反。

遮阳——一个有遮阳设计的门廊非常方便一年四季使用。如果门廊没有顶棚，可以考虑那种可以伸缩的帆布遮阳篷，或者是几把大遮阳伞；有遮阳设计的门廊才会更加舒适、利用率高，并且可以延长门廊的使用寿命。

地垫——铺设防滑的剑麻地垫，或者是区

②～④门廊

域地毯，适合于涂有防水涂料的门廊地面，也能使门廊更有吸引力；当然，从外面走进门廊所带来的鞋底尘土，也可以在这些地垫上面蹭掉。

图案——图案能使门廊显得更为时尚，色彩斑斓的图案会使门廊更为活泼可爱；色调温和的图案会使门廊增添几分高雅的气氛，这些图案最好是能找到相对应的织物用在家具上面。

防水——为那些软垫、靠垫和其他饰品提供一个储藏的地方，有一个储物箱是再合适不过的了；当不需要使用那些物品的时候，妥善地保管起来，能够让它们更加经久耐用。

趣味——一个充满乐趣，并且体现出主人品位和个性的门廊绝对让人过目不忘；无论是亮丽的色彩，还是有趣的饰品或者是图案，都能够在夏日里让你的家人和邻居在门廊共同度过难忘的时光。

门廊地面材料

门廊必须能承受住各种恶劣的气候——日晒雨淋、风吹雨打、严寒酷暑。可考虑的材料有：瓷砖、玻化砖、大理石饰面砖。

门厅

Foyer

门厅——入户的必经之道，将家居第一印象展示给每一位来访的客人，而且这一印象将会持续很长一段时间；所以，门厅装饰的好坏直接影响到房主的形象。一个好的门厅设计不是要如何突出自己，而是要如何使门厅成为整座房屋的一部分。门厅要自然地将客人引入到主要的起居空间——客厅。

最常见的门厅装饰风格为当代风格，并且常常配有一面镜子。常见的镜子设计方式有：把镜子安装在靠近大门的位置；安装多面镜子使来宾在走过门厅的时候能够看清楚自己；不同形状的镜子拼成某种图案；使用镜子与搁板组合的当代家具。运用镜子装饰门厅只是第一步，以下一些有益的建议可供参考：

（1）首先，无论门厅应用何种装饰风格，一个中性的色调非常适合于门厅。除非这个门厅与房屋隔离开来，那么这个门厅可以尝试完全不同的色彩和装饰图案。

（2）要考虑摆放在门厅的家具：一种装在墙上的桌案，配上两旁细长的台灯；一张圆桌，中间摆放一盆花卉；靠墙放置的软长椅，还可以储藏冬季的手套和帽子；或者直接摆放一件简单的古董家具或者是带抽屉的柜子等。

（3）增添一点可爱的小点缀，例如小块的区域地毯，或者是一块欢迎地垫；注意地毯的防滑功能，否则需要增加防滑橡胶地垫。

（4）如果门厅的面积不够大，可以考虑装在墙上的半月形桌案，或者是带抽屉的柜子；如果门厅的宽度超过2.8米，可以考虑中间放置装饰性圆桌。

（5）门厅需要一个良好的顶棚和地面照明，而不应该留有任何阴影。所以，选择一盏尺寸合适的枝形吊灯至关重要。

（6）门厅也需要一些小饰品来美化它，例如台灯、镜子和相框等，因为它们将给访客留下一个美好的第一印象。

（7）将自然引入室内，是门厅承担的另一项任务。鲜花、盆栽植物和某种带有室外特征的家具都是经典的选择。

（8）门厅适宜采用醒目或者较深的颜色，使门厅看起来更有深度和更舒适；有必要给某件艺术品制造一个装饰性的背景。

（9）壁灯用来营造一个温馨的氛围，轨道射灯适合于狭长的走道，特别适宜展示某件艺术品，或者是一件极具特色的饰品。

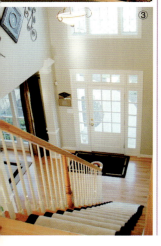

（10）门厅家具的尺度必须小心把握，过大或者过小都会破坏门厅的整体效果。

（11）大尺寸的镜子适合放在桌案或者柜子的上方，但是镜子的宽度不可以超过桌案或者柜子，镜子的两旁配上壁灯能够使效果达到最佳。

（12）记住不要在门厅放置过多的饰品、工艺品、艺术品，或者收藏品，三五件足矣。

门厅的照明——门厅应该足够明亮，让来宾感受到亲切的迎接氛围，但是不可以用强烈的射灯光柱打在来宾的身上。无论是昂贵的还是普通的灯具，它们都应该发出柔和的光线，在寒冷的冬季和寂静的夜晚，让人感到分外的温暖。最常见的门厅枝形吊灯有吸顶式、近顶式和链挂式三种，它们都必须安装在门厅顶棚的正中间；它们肩负着照明和形象的双层任务，让人无论在室内还是室外看到它们都会留下深刻的印象，不管那是古典的、现代的，还是个性化的印象。一件精心挑选的门厅枝形吊灯，它的价格、款式、大小、照度和材料等，代表着房主的风格、品位和个性，它不仅是整个门厅的视觉中心，也绝对是一件值得炫耀的私人物品。

门厅的地面——为了营造一个愉快的迎接气氛，门厅的地面材料可以是地毯、瓷砖，或者是实木地板；当然，最好是实木地板或者瓷砖，然后铺设区域地毯。大理石材料不仅彰显尊贵，而且经久耐用，施工便捷，维护简单，适合于任何装饰风格。市场上有抛光面大理石和仿古面大理石两种。抛光面大理石闪亮如镜般的表面象征着一种冷漠的庄严，而仿古面大理石是由水、细沙和弱酸混合打磨而成，刻意研磨出代表高贵典雅气质、带有丰富表面肌理的反光。有时候，人们还会利用刮、擦等手段来制造一种特殊的做旧痕迹。门厅大理石常见的颜色包括白色、米色（浅黄褐色）、淡黄色（奶油色）、绿色、褐色和黑色。设计时注意大理石块的尺寸与门厅的大小成正比。

①~③门厅

过道、楼梯间
Corridor, Staircase

　　过道——连接各个房间的交通走道，就好像纽带一样，把分开的空间串联成一个整体，有很多装饰手段可以把一个狭窄无趣的过道转变成迷人有趣的功能空间。就大部分狭长的过道而言，明亮的色彩或者中性的色彩是明智的选择，这样使空间看起来更为宽敞和轻松，其中以白色效果最为明显。水平条纹图案的壁纸或者墙漆能够使狭长的过道变宽；相比之下，垂直条纹会加长过道的长度。浅色调使墙面看上去向后退，用于过道侧墙可在视觉上使过道加宽；深色调使墙面看上去向前推，用于过道端墙在视觉上可使过道缩短。

　　镜子的作用是会产生过道变得更长的错觉，画作的作用是会使过道变得短而矮。如果在过道放置植物，记住不要过于高大。一组照片，风景的、人物的或者纯艺术的，将是过道的一道风景线。类似的饰品还包括墙饰挂件、壁画和壁灯。壁灯会给过道带来温柔而又迷人的感觉。宽大的过道也许需要书架或者厚重的垂帘作为结束过道的标志。镜子作为镶板嵌入过道两边的墙内，或者是门套之间，能够神奇地使过道变得开阔。镜子也可以成为凹室/壁龛的背景，或者是间隔位置带有镜框的镜面。

　　装饰过道的成功秘诀就是打断狭长过道。用点光源（如壁灯）而不是普照光源，如此而产生对比和趣味性；有时候在硬质地面材料上间隔地在房门口铺上区域地毯，诸如此类。过道地面常常用有菱形图案的地毯和按棋盘格图案铺贴的瓷砖或者刻纹实木地板。另一种打断狭长过道的方法是设计一组拱形门洞，它们也能成为端墙景观的美妙边框。过道端墙的饰品必然是过道的视觉焦点，也是为结束过道画上的句号。视觉焦点可以选择一件雕塑、雕纹石罐、带柱基的花篮、带画框的画作、有肌理纹的墙面、仿真作品，或者是一件精美的家具，等等。

过道

①~② 楼梯间　③ 走道与楼梯

　　一条迷人的过道往往会围绕某个预设的主题展开，它也许是一块非常有地域特色的地毯、一幅耐人寻味的画作、一块异域风格的隔断，或者是一件绘制精美的家具等。过道的主色调应该选择这件主题饰品中间的某个色彩来展开。

　　类似装饰过道的方法同样也适用于楼梯间，例如在楼梯间的墙壁上，顺着楼梯上升的趋势，也可以悬挂照片、画作和壁画之类的饰品。至于楼梯间下面那个"无用"的空间，如果不想在那里做个储藏柜来储藏靴子和鞋子之类，那么可以把它处理成一个单独的小区域。用一幅风景图案的壁纸带给它一定的深度，根据景色配合适当的光线；或者干脆丢几个软垫在那里，配合简单的灯光，摆一两盆植物，放两张椅子和一张咖啡桌，一个独立的小空间就这样形成了。有人知道装豆布袋吗？它非常适合于放在楼梯间的下面。

　　悬挂于楼梯间的画框最好与木楼梯的木色一致；如果是铁艺栏杆，画框也可以考虑用铁艺画框。如果楼梯踏步铺设长地毯，地毯的宽度应该比楼梯稍窄一些，让楼梯的两边都露出一点。此外，木楼梯的木色最好与其周围的木制作和木地板协调统一。

客厅
Living Room

在动手设计客厅之前，首先应该考虑的要素是客厅的用途，因为它将决定着客厅家具式样的选择。如果客厅主要用于看电视和阅读，那么选择随意的和耐用的功能性家具比较合适；如果客厅主要用于正式的娱乐活动，那么选择高雅的和精致的装饰性家具就比较恰当。客厅家具的式样通常划分为现代、新怀旧、古典、东方和法式田园等，它们的功能和价格相差很大。当客厅的用途和风格确定之后，紧接着需要确定客厅的主色调（具体方法参见有关色彩章节）；注意客厅色调的流动性，须与其他房间的色调协调一致，同时注意的方面有：家具的面料、靠垫、窗饰、台灯、墙挂艺术品和地面材质等。只有将所有的装饰元素综合考虑进去，客厅的装饰效果才能够如同一首协奏曲般优美、和谐。

最后不要忘记视觉焦点，客厅空间最常见的视觉焦点包括壁炉、窗饰、某件大型的艺术品，或者是有趣的建筑构件等。客厅的视觉焦点可以给人们带来愉悦的心情，彰显主人的品位与个性。需要牢记的是：视觉焦点不可过多，一件足矣；另外，这个品位与个性应该是房主自己的，而不应该是任何别人的。

1 客厅的装饰风格 ● ● ● ● ● ● ●

客厅

（1）当代风格客厅之设计要点——当代风格的客厅以软化和圆滑的线条为特征，在有多元化的中性元素为主导的同时，用醒目的点缀色彩来打破僵局。

①将墙面漆成中性色调，例如灰褐色和灰色。

②点缀具有亮丽色彩的饰品，例如抽象艺术品或者图案地毯。

③用直线条造型和金属质感的地板或者桌面台灯。

（2）田园风格客厅之设计要点——田园风格的丰富色彩和舒适温馨的感觉来自于彩绘家具和优雅线条，田园风格的调色板就像是一个植物园，常见的色彩有杏黄色、土灰色、粉红色和冷绿色等。

①把实木墙裙漆成淡淡的和明朗的色彩。

②寻找老式的古董家具，并把它们漆成乳白色。

③增加一些印有花卉、条纹和棋盘格图案的靠垫。

（3）混搭风格客厅之设计要点——如果没有一种装饰风格是你的风格，那么可以考虑兼收不同风格之所长的混搭风格，它是通过相近的质感、饰面、图案或者色彩来达到统一。

①通过中性色彩的墙面来营造出简单的背景。

②混搭在一起的各类配饰都具有某种相似的元素，这样才能协调统一。

③把亮丽的花瓶与优雅的银烛台混合起来，个性就是这样创造出来的。

（4）20世纪中叶的现代风格客厅之设计要点——20世纪中叶的现代风格以其简洁、流畅的造型和开放、自由的空间而

①～②客厅

红极一时。拥有大面积的对外窗户将室外景色引入到室内，室内、外空间融为一体。

①寻找伊姆斯（Eames）躺椅或者是加里奇（Guariche）餐边柜。

②加入一些自然元素，例如木质饰面或者有机纺织品。

③使用中性色调作为主色调，点缀以大尺寸的艺术品或者雕塑。

（5）**现代风格客厅之设计要点**——线条简洁、流畅，中性色调，光亮的金属质感，强烈的几何造型、非对称的构图等等，这些都是现代风格的显著特征。

①以中性色彩为主色调，以白色墙作为背景色，加上同色系的饰面。

②点缀金属和玻璃材质的饰面。

③用区域地毯或者抽象艺术品来定义和强调某一特定区域。

（6）**浪漫风情客厅之设计要点**——浪漫的感觉/气氛是由舒适、感官、温柔、粉色系、轻薄和轻柔的织品等特质来共同打造而成。

①使用柔和的色彩。

②装饰线条以曲线为主，配合重叠的靠枕。

（7）**西班牙风情客厅之设计要点**——丰富多彩的乡村风格代表着西班牙风格的精髓，常用的色彩包括赤褐色、黄色、蓝色和绿色，其建筑特征也极富魅力。

①为了使墙面看上去更有质感，用拉毛粉饰法粉刷墙面，色彩多以中性色或者赤褐色为基调。

②家具以深色为主，并且留有仿旧磨损的痕迹。

③点缀正品的饰品、陶器、锻铁的灯具、家具和饰品等，或者彩色瓷盘。

（8）**古典风格客厅之设计要点**——古典风格是经典的和舒适的，应保持空间内所有的配饰和饰品协调一致。也许它并不那么惊艳，但是却经久不衰、历久弥新。

①均衡地安排家具、艺术品和其他饰品。

②采用做工精致的窗饰，如正式的垂花饰和窗帘盒等。

③点缀以古典风格的印花锦缎抱枕。

客厅是如此重要的活动空间，无论何种风格，照明设计都需要加倍用心。客厅里的活动形式和内容多种多样，因此其照明的方式方法也应该是灵活多变的，以适应不同的需求。注意不同的活动特点应该有相对应的照明设计。在满足普照度的前提下，考虑用灵活的台灯来营造气氛；对于需要强调的艺术品、饰品或者照片等，考虑用射灯解决。一个轻松而又温馨的客厅氛围与舒适和适当的照明设计是分不开的。

② 客厅的配饰 ●●●●●●

有品位而又美观的配饰给客厅带来无穷的魅力。它们既要与客厅的主题风格保持一致，又要展示出自己的独特韵味。各式各样的配饰包括华丽的枝形吊灯、高贵的区域地毯、醒目的靠枕（垫）、诱人的窗帘、明亮的台灯、鲜活的植物等，它们共同营造出一个温馨、好客的客厅，客厅的家具也因为它们而充满了活力。

枝形吊灯——枝形吊灯是客厅的视觉焦点，因此要根据客厅的整体装饰风格来挑选吊灯。在现代风格的客厅里，选择一盏玻璃吊灯非常协调；而古董或者乡村式样的吊灯适合放在古典风格的客厅里面。

区域地毯——区域地毯能够瞬间改变客厅的精神面貌。尝试在不同的区域放置不同的地毯，你会有意想不到的收获；区域地毯也能让一个平淡无趣的房间变得与众不同。

靠枕（垫）——改变一个客厅的最简单配饰是什么？答案是靠枕（垫）。靠枕（垫）的款式和花色丰富多彩，一般靠枕（垫）的面料有棉布、丝绸、亚麻、绸缎、羊毛、涤纶等。对于富有民族特色的装饰风格，绣花的靠枕（垫）是个不错的选择。

窗帘和窗帘杆——窗帘对于客厅，就好似一件外套对于一位贵妇，窗帘杆就是那条项链。窗帘的配饰物有绑带、挂钩、环扣、托架、垂穗等，它们就像是一件件首饰，衬托出"贵妇"的高贵气质。窗帘与客厅整体色彩和材质是否一致，是判断窗帘选择优劣的最高标准。锻铁、黄铜，或者其他金属材质的窗帘杆是理想的选择。注意保持窗帘的式样与客厅的装饰风格协调统一。如果客厅为现代风格，那么窗帘就应该用简单的扣眼窗帘或者吊带窗帘，而不应该用那些花哨的垂花饰或者任何其他的饰边。

蜡烛与烛台——点亮的蜡烛与高雅的烛台让客厅成为浪漫晚宴的美妙场所。近年来，因为其独特的魅力，漂浮蜡烛大受欢迎。

花架——生机勃勃的植物需要配上雅致的花架才能显示其不同凡响的气质。花架的材质包括实木、陶瓷、锻铁、大理石、铝材等。

台灯——台灯（包括落地灯）因其美观和灵活性而成为美式客厅灯具的首选。台灯的材质包括陶瓷、实木、锻铁、黄铜、黄金、青铜等，不同的材质呈现出不同的气质。

装饰画——装饰画最能体现主人的个人品位和修养，因此，它的摆放位置也要经过深思熟虑。大尺寸的装饰画适合于各种尺寸的客厅，小尺寸的装饰画只适合于小房间。

镜子——镜子的折射原理使它既可以反映相邻墙面的饰品，又可以产生另一个空间的错觉。用各种尺寸和款式的镜子灵活地组合，能够牢牢地抓住每个人的眼球。

①~② 客厅

挂钟——挂钟不仅能够报时，而且是很好的装饰品。一般挂钟的材质有实木、金属和树脂等，品种繁多、尺寸齐全，悬挂简便。

百叶窗——对于小尺寸的客厅，百叶窗的效果好于窗帘。只要轻拉或扭动调节杆，就能让光线和新鲜空气进入客厅。在美式家居中，不是所有的房间都需要窗帘。

客厅地面材料

客厅/家庭厅地面主要考虑其耐磨性，因为这里是家庭成员和宾客们活动最频繁的地方。可考虑的材料有瓷砖、玻化砖、地毯、实木地板、竹木地板等。

5.6 家庭厅

Family Room

如果说厨房是家庭的心脏，那么家庭厅就是家庭的灵魂。家庭厅实际上是一个多功能空间，它是家庭成员休闲、娱乐和放松的共享空间，一家人在那里看电影、听音乐，或者只是坐着聊天，交流感情。所以，家庭厅的设计重点应该是集舒适性、娱乐性和多功能性于一体，其中舒适性应该是考虑的第一要素。

在家庭厅设计的初级阶段，家庭里的每一位成员都应该参与进来，并畅所欲言，提供自己的意见，因为最终的结果必须是使每个人都满意。无论有人喜欢看书还是画画，都不应该让他/她失望，不应该让他/她感到被忽略，这样他们才会在将来乐意使用这个空间，与大家一起分享快乐的时光。

为了使家庭厅不至于过于严肃和沉闷，建议应用一些明亮的色彩组合，如蓝色与绿色，它让人的心情趋于平静；或者是橙色与红色，它使人情绪兴奋和愉快。考虑一个实用的带门储藏柜，它有助于保持家庭厅的整洁，让家庭每个人都清楚自己常用的物品放在哪里。除了电视机和电脑，还可以考虑一些增进家庭和睦关系的参与游戏，如棋牌游戏和拼图游戏等。

如果家庭厅够大，那么需要仔细地划分不同的使用空间，如游戏、娱乐和

① ~ ③ 家庭厅

阅读等。注意用边桌填补"L"形布置的沙发间隙，并且在边桌上放上台灯和相框等。用屏风和大型室内植物（可以是人造的）填补房间的空白角落。你甚至可以在里面安排一张小书桌，有些账单信函的处理就可以在这里搞定了。

家庭厅的照明至关重要，应该考虑采用多层次照明。当欣赏电影和电视的时候，我们不希望灯光在屏幕上留下反光；当大家围坐在一起轻松话家常的时候，我们希望光线充足，能够看清楚每个人的笑容，但是绝对不可以强烈到刺眼；当家庭厅同时也充当家庭影院（如果空间够大）时，我们会点缀某些与电影院有关的纪念品来增添娱乐的情趣，例如爆米花机和售票亭等，同时放上几把舒适的豪华影院沙发；当需要在大白天观看电影的时候，家庭厅的窗帘和百叶帘应该保证完全遮挡住室外的光线；当需要安静地独坐看书的时候，我们希望在沙发旁只有一盏台灯点亮方便阅读。

虽然家庭厅的装饰风格并没有限制，但是专家建议不要购买过于正式的家具，以免让人感到局促和不安。为了使家庭厅更加生活化，我们不一定非要把电视机放在主要的位置，取而代之的可能是一面漂亮的镜子，或者是一张全家福照片，两边配有壁灯；茶几放上台灯，或者是花瓶、绿植和雕塑等；茶几上随意摆放的书籍吸引着人们去阅读它们；沙发扶手边搭着的盖毯，让人倍感亲切；小餐桌，或者托盘特别为茶点而准备；一角的小画桌是给喜欢画画的孩子专用。家庭厅就是这么一个多功能的家居空间，温馨、舒适、随意而又不失其个性。

5.7 厨房

Kitchen

厨房通常是一个家庭使用频率最高的生活空间，拥有一个合理布置的厨房与家庭的幸福指数息息相关。一个新的厨房是给个人和家人最有价值的礼物。厨房是家庭的中心，是举行家庭聚会、小型庆典，以及完成功课的最佳场所；厨房是养育至亲至爱的摇篮，所以它应该舒适、高效、整洁和尽可能的漂亮。听取专家的意见和建议能够帮助我们拥有一个美好的厨房。

无论厨房的面积大小如何，它首先应该是符合人体工程学的要求，才可能实现以上所提出的各种愿望。厨房工作三角形就是这样的一个全球通用的厨房设计基本原理，它的概念是通过确定厨房工作中心区域来尽力减少多余的走动距离，从而大幅度提高工作效率，同时使用者也会倍感舒心。厨房工作三角形的设计原理如下：将厨房的三个主要工作区——冷藏区、备餐区和烹饪区，以三个点作为代表，并且用三条线将它们连接起来，形成一个三角形；当这个三角形的三条边缩至最小的时候，我们可以肯定工作时的走动距离也将减至最小。

传统意义上的三个工作区分别为食物冷藏区——冰箱、清洁备餐区——水槽和烹饪区——炉灶。它们代表着三角形上的三个点。当它们距离太远的时候，使用者疲于奔命在三个区之间，费力耗时；当它们距离过近的时候，又会因过于狭窄拥挤而操作不便。

厨房工作三角形的基本原则 ●●●●●●

（1）三角形的任何一条边应在1.2~2.7米之间。

（2）三角形的三边总长应在3.7~7.9米之间。

（3）三角形的任何一条边都不应该被橱柜、岛柜或者是走动路线所打断或者妨碍。

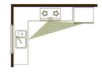

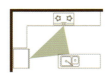

L形厨房　　　　U形厨房　　　　走道形厨房　　　　半岛形厨房　　　　岛形厨房

①～③厨房

厨房的照明至关重要，同时也十分微妙。它必须适应各种不同的生活需求。一个专业的厨房照明分为四个层面：工作照明、环境照明、重点照明和装饰照明。厨房首先要有一个基本的普照亮度，无论是对于工作还是活动，吊柜下面隐藏的卤素灯管均是台面上工作的好帮手。安装在吊柜底部的间接光看起来更柔和，不过，放在吊柜顶部的光源别有一番装饰效果。可调节射灯能够更好地照明某特定的工作区，如备餐区、烹饪区等。如果会在厨房里用餐，可拉伸的吊灯既有用又有效。

厨房地面是一个最容易受到各种伤害和侵蚀——刮擦、磨损、摔打、溅泼和油渍等的地方，当然，这也是个走动最为频繁的地方，这些都是我们为厨房选择地面材料时的参考因素。以下是一些最为常见的厨房地面铺贴材料：

实木地板——如果美观和温馨是你的第一考量，那么实木地板也是你的第一选择。而且实木地板在经过若干年的考验之后，还可以重新打磨、上漆。然而，实木地板的安装技术要求较高，容易留下凹坑痕迹，褪色，比其他的地面材料更加容易被磨损，它也不适合于地下室等潮湿的地方。

实木复合地板——近年来成为实木地板的代用品。实木复合地板是在层压木板的基础上面覆加一层实木薄片。实木复合地板和强化地板一样不怕水，可以用钉子、U形钉，或者是胶水。实木复合地板的缺陷包括容易留下凹痕，并且磨损较快。使用中注意不要把水或其他液体溅洒到实木复合地板上面，因为那样会给表面留下永久性的伤害。同时记住实木复合地板不能如实木地板一样重新打磨、上漆。

瓷砖——谁也不能否认瓷砖带给厨房的美观。瓷砖能够抵抗住几乎所有厨房可能遭受的伤害。如果非要找出瓷砖的缺点的话，第一是具有相当的安装难度，第二是任何瓷质和玻璃餐具摔落其上都必定会粉身碎骨。

强化地板——是既耐用又安装简易的地面材料。强化地板也是实木地板的代用品之一，它的许多优点可以与实木地板相媲美，甚至可能会超越实木地板。比方说抗刮擦、磨损、凹痕和潮湿等。强化地板颜色丰富、款式繁多；然而，强化地板最怕水。一旦强化地板的表面开始出现磨损和破裂等迹象，它的使用寿命也就接近尾声。

油毡——很多人会混淆油毡和塑胶这两种材料。其实，油毡主要是由亚麻籽油和木材构成，而塑胶是由塑料制成。油毡具有极好的弹性，所以，它能有效地抵抗凹痕，并且瓷质和玻璃餐具跌落其上也不易破损。油毡的花色和款式多样，是厨房地面的热选材料之一。

塑胶——如果耐用和耐脏是你的第一考量，那么塑胶将是你的第一选择。塑胶被证实是所有地面材料当中抵抗太阳紫外线、潮湿和污渍的冠军。塑胶的花色繁多，铺贴轻而易举，有些优质的塑胶甚至有模仿石材和其他自然材料的花色可供选择。

厨房设计小贴士

（1）如果条件许可，安装双水槽将会带来更多的方便。

（2）洗碗机最好靠近主水槽。

（3）除了炉灶上的抽油烟机以外，有必要根据厨房的大小安装排风扇。

（4）选择厨房地面材料时，应注意其颜色与橱柜之间的协调一致。

（5）保证足够的电源插座。

（6）备餐区可以在水槽与烹饪区之间，也可以在冰箱与水槽之间，或者是靠近岛柜水槽。

（7）两个主要的工作区（水槽、冰箱、炉灶和备餐区）之间不要用落地高柜或者是冰箱隔开。

（8）外露突出的台板转角应用圆角，避免尖锐的转角。

（9）确定厨房门/窗、橱柜门/抽屉、冰箱门等是否有开启冲突。

（10）柚木台板耐用、防湿、美观；不锈钢台板结实、耐磨、易维护；天然石材台板美观、耐用、需护理；层压台板廉价、款式多、不经用；花岗岩台板耐用、耐磨、耐高温、易维护；水泥台板适合于现代或者乡村风格，色彩丰富，需要定期上蜡，易留痕迹。

Dining Room

　　餐厅设计看起来简单，而且功能非常明确，但是，结果常常令人沮丧、烦恼甚至厌恶。常常见到有人把所有的零碎家务放在餐厅里面来做，最后把餐厅变成了乱七八糟的垃圾场，没人愿意再进去。所以，不要糟蹋餐厅，要让它变得与众不同，充满吸引力；还它一个独立的空间，哪怕是与客厅共享一个大空间。

　　在设计餐厅之前，首先要确定其使用目的及功能，是否全天都用到它，还是只在晚餐的时候，或者只在特殊的日子里用到它。餐厅是否只是家用，还是用于招待客人，或者用于举行家庭派对。在其目的与功能都确定了之后，还有许多有益的建议，可以帮助我们的餐厅设计得到更好的效果。

　　①餐厅最好靠近厨房，而且通道顺畅。

　　②一个牢固的餐桌和一组舒适的餐椅是整个餐厅的视觉焦点，需要认真考虑尺寸、人数和灵活度等。

　　③可延伸的桌子也许是最好的选择，这样的桌子可以适应各种不同的用餐情况。

　　④折叠桌和折叠椅是应急的备用品，不用的时候，收藏也较方便。

　　⑤建议购买带有斜靠背的餐椅，因为它比直靠背的餐椅舒服得多。

　　⑥如果希望有个正式的餐厅，建议购买整套的餐桌、椅，包括餐边柜、碗柜和储藏柜。

　　⑦如果想要个非正式的餐厅，建议选购不配套的餐桌、椅；但是它们要有相近的形状

①～② 餐厅

①~② 餐厅

或者式样。可以把它们漆成同样的颜色，或者使用同样的坐垫。

⑧一般餐桌都是放在餐厅的正中央，但是用餐的时候则根据人数的多寡来调整其位置，避免有的人过于拥挤，而另外一些人则相当宽松。

⑨如果在餐桌的中央摆放花卉，或者烛台等饰品，应避免让它们成为阻挡桌子对面双方视线的障碍。

⑩放置在镜子前面的烛台能够营造出更加迷人的气氛，烛台是晚宴必不可少的饰品。

⑪台灯和壁灯这类所谓情景照明，适合用于创造温馨、浪漫和轻松的氛围。

⑫主要用于晚餐的餐厅，建议采用深色系的暖色调，特别适合于在晚上产生引人注目的效果。

⑬红色是餐厅装饰的最佳色彩之一。

⑭通过壁纸和墙漆来突出餐厅的墙面。

⑮如何摆放餐桌上的桌布、桌巾、餐巾、餐具和酒杯等是一门学问，请参阅软配饰中"桌布、桌巾、餐桌布置"部分。

餐厅的主要功能除了用餐，还可能会有娱乐。餐厅绝对是大家所关注的中心。装一盏可拉伸的吊灯是个不错的主意；如果有一张超长的餐桌，可以考虑用2~3盏吊灯，或者干脆就是一盏台球灯。在餐桌上或者背景用烛台、台灯或者壁灯等柔和光线的灯具，它们非常有助于营造出夜晚甜蜜、温馨、浪漫和成熟的气氛。

餐厅地面材料

餐厅地面主要考虑其防水性，因为谁也无法预料和防止在用餐的时候可能发生的溅洒和滴漏。可考虑的材料有瓷砖、玻化砖、大理石饰面砖、竹木地板。

卧室

Bed room

在所有的家庭室内空间之中，没有一个空间如卧室一般可以直达主人的私人领地。卧室就好像是庇护所，或者是减压舱，它只为主人服务；所以它必须，也只需要满足主人自己的品位和要求。然而，即便如此，我们仍然需要遵循一些基本的装饰法则，使卧室的最后效果趋于更加完美。

功能——卧室的空间往往比较狭小，但是我们需要确定除了睡觉以外是否还有其他的活动会在这里进行，例如阅读、喝茶或者咖啡、工作，或者梳理等，当然这要视卧室的尺寸而定。

舒适——适当的装饰可以增加舒适度和新鲜感，如更换一块地毯，或者添加装饰性的墙裙等。除此之外，床位应尽量避免处于通风路线上，但要保持卧室的通风良好。隐藏式音响是个人的选择。一个壁炉在寒冷的雪夜里带来的不仅仅是温暖。最后，床边的三联开关体现了贴心的细节。

夜宵——对于懒于起身去厨房取饮品和食物的人来说，如果卧室够大，可以考虑一个迷你的咖啡吧、酒水吧、冰酒器，或者是点心台；由此单独配置的水槽最好靠近浴室门。

阳光——不要让窗帘成为遮挡视线的障碍；同时，当需要在白天小睡一会儿的时候，窗帘又要完全挡住外面的光线。注意拉线窗帘要用最好的拉线五金，它能保证免除日后隐

①~② 卧室

卧室

患。如果条件许可，电动窗帘的开关应该安装在床头和门边。与窗帘相比，百叶能够更有效地起到遮挡光线的作用。

照明——卧室是进入夜晚之后使用时间最长的生活空间。除了因普照需要而安装的顶灯之外，还有台灯和壁灯可以作为床头灯之用，或者是隐藏在床头板的灯具。为了使睡前准备和半夜起床能够保持半睡眠的状态，卧室照明应该采用低照度的灯具，这对患有失眠症的人来说同样有效。进门边的三联开关控制床头柜上的台灯；壁橱里的灯可以用门的开启来自动控制；个人的阅读灯应该由个人单独控制。注意尽量用调光开关。只要稍微多用点心，家居生活就会变得更加美好。

卧室地面材料

卧室地面主要考虑其耐磨性和高度的舒适度。

可考虑的材料有瓷砖、玻化砖、地毯、实木地板、竹木地板。

卧室设计小贴士

（1）为了身心的健康，尽自己最大的经济实力购买质量最好的床，包括好的枕头。

（2）用床垫裙罩代替普通床罩，这样使整理床铺变得轻而易举。

（3）如果购买了最好的床上用品和羽绒被，那么请善待它们。

（4）抱枕给寝具带来色彩和活力，床尾的盖毯则让你躺在椅子上阅读的时候倍感温暖。

（5）为了加强家庭的凝聚力，把个人喜爱的画作、家庭照片和书架纳入卧室的装饰设计之中。

在决定装饰客房之前问一下自己是否确实需要一间客房，每年只有那么一两个客人来访，还是每周或者每月都有亲属造访，有谁可能留宿。自己的兄弟睡沙发床就很满足了，但是别的亲戚就不见得愿意睡客厅。如果房间较多，也许专门装饰一间客房不是问题。

一间舒适的，让人有宾至如归感觉的客房首先要清爽、整洁，避免任何多余和累赘的装饰和装饰品，也避免任何个性化强烈的装饰品。简单的墙面和顶棚处理，可以用壁纸，只需要挂一两幅装饰画，坚持"少即是多"的原则。窗帘应该温馨、厚实，可以用小碎花图案；门锁要牢靠，别让小孩无意间闯入。

客房应该考虑一个衣橱或者五斗柜，并且考虑客人放他们旅行箱的地方，无论是在衣橱里还是床底下。想象一下自己出门旅行住旅馆的情景，你想要的多半也是客人想要的。

一张舒适、干净的双人床是客房必不可少的家具，在角落里放上一把椅子或者单人沙发，再配上一盏落地台灯，会让人感到很温馨。冬天的时候，在衣橱里准备一条毛毯会令人很感激。此外，贴心的物品还包括闹钟和床头柜上的台灯，它们几乎是客房的必备物品。

不要忘记在抽屉里放几支笔和便条簿，在桌上放一盒纸巾，一瓶护肤液，一支香味蜡烛，或者百花香（散发香味的干燥花瓣放在罐内），几本自己喜欢的书籍和近期杂志。女性客人会很喜欢有面镜子可以梳妆打扮，再放上一罐饮用水和几只玻璃杯。如果一进房门就看到茶几上插满鲜花的花瓶，客人将会非常感动。

不要在客房里用太跳跃、鲜艳和刺眼的色彩，客房的颜色应该淡雅、平和、安静和庄重。床品以单色为主，可以考虑枕头套有花卉或者格子图案，注意与整体色调的和谐统一。常见的错误之一就是把自己喜欢的物品，或者是在世界各地旅游收集的纪念品用来装饰客房，因为你喜欢的东西不见得别人也喜欢。

① ~ ② 客房

浴室

Bath room

　　创造一间美妙的浴室并非是放纵自己，可以肯定的是，一间充满魅力的浴室能够极大地提升家庭的生活品质，哪怕只是简单地更换某件洁具，或者是重新粉刷一下浴室的四壁，都会给你的精神上带来全新的刺激和振奋，让我们以饱满和抖擞的精神去迎接每一天。

　　无论如何，这间浴室是你一人专用，因此它必须满足你个人的需求和品位。首先把关于浴室的所有意见列出来，包括喜欢和不喜欢的，希望和不希望的，需要和不需要的，等等。最佳的效果往往来自周全的前期计划。

　　对许多人来说，拥有一间具有显著装饰风格的浴室是一件非常值得炫耀的事情。最常见的浴室装饰风格及其特征如下：

　　古典风格浴室——非常正式的装饰风格，大量地应用石材，有雕刻和复杂装饰的盥洗柜，古色古香的五金件等。对称是关键，多选择成双成对的物品；选用大理石和花岗岩的台板；选择深色的木器漆，以及古典的款式；结合经典的式样，例如壶、柱式、曲线、树叶和花卉等。

①

　　现代风格浴室——简洁、光滑、流畅和整洁是现代风格的主要外观特征。运用大量的反光材料如玻璃、镀铬和不锈钢材质等。几何造型是关键；经常应用环保材料，如竹木和软木等；全白色是最常见色系，可以点缀以蓝绿色、红色、橙色和黄色来打破单调。

　　混搭风格浴室——混合不同式样和不同时期的装饰风格，强调个人直觉和唯一性。通过重复的色彩、形状和材质来达到凝聚的内在关联；关注细节——烛台、玻璃器皿和织品，从而达到非同一般的效果。

　　田园风格浴室——追求随意、放松、温

①～③浴室

馨和怀旧的情调。常用硬木地板、木墙裙或者护壁板。储物柜常常模仿旧式样：做旧处理的漆面；选择图案为花卉、棋盘格或者条纹的棉质织品；选择乡村风格的旧饰品；选择女性化和温柔的色彩。

　　浴室是一个小空间，但是你会发现有太多的东西需要塞进去，它们包括：浴缸、淋浴间、龙头、花洒、立式/墙挂/台上/台下盥洗盆、墙挂/立式马桶/净身器、照明灯具、电源插座、排风扇、供暖方式、墙面材料、墙/地面瓷砖、盥洗柜台板、储藏柜/搁板、毛巾架/挂钩，等等。

　　综上所述，要在一个有限的空间里安排如此众多的卫浴用品，必须要合理地布置和节约空间。

节约浴室空间小贴士

　　（1）用立柱盆代替盥洗柜/梳妆台，同时在立柱盆的后墙面增加壁架。
　　（2）非标准的浴缸尺寸和式样能够更有效地利用有限的空间。
　　（3）推拉门比平开门能节约更多的空间。
　　（4）镜子、玻璃这类光亮、透明的材料能够使空间看起来更大。
　　（5）浅色和轻薄的瓷砖使浴室显得更大、更明亮和更干净。如果适当地加入一点对比强烈的色彩，则将使浴室更有魅力；如果加入近似的色彩，同样也能增添和谐的视觉效果。

一间美妙的浴室离不开合理的整体照明和功能照明。小面积的浴室，一盏中心位置的顶棚灯，或者镜子侧面的壁灯就完全能够满足使用需求；中等面积的浴室，则需要先做照明方案，可能需要为淋浴间、浴缸、马桶和梳妆台等提供专门照明。注意浅色的瓷砖和洁具有助于提高浴室的照度。出于安全考量，浴室里所有的开关最好都安装在浴室门外面。

浴室地面材料

浴室地面主要应考虑其防水性，浴室是全家室内环境条件最严酷的地方，必须经受各种考验，诸如热气、蒸汽、湿气和水等。可考虑的材料有瓷砖、玻化砖、大理石饰面砖。

浴室照明小贴士

（1）浴室照明设计以安全第一为原则，所有的灯具、开关和插座都必须防水。

（2）嵌入式灯具适合于普照，而且显得干净利落。可调节射灯非常方便于化妆或者剃须。

（3）充足的浴室照明包括：镜前灯、壁灯、梳妆台顶灯、浴缸灯和梳妆台下面的夜灯等。

（4）注意不要让顶棚灯具影响到泡浴缸时人的休息，注意避免功能灯具在脸上留下阴影。所以，光线应该从镜子的顶部和两侧投射。

（5）自然光使浴室充满欢乐和能量，但是要防止侵犯到浴室的隐私权。半透明的窗户能够有效地满足阳光和私密性，百叶窗和窗帘也能够做到这一点，不过百叶窗的效果会更好一些。如果浴室的阳光很充足的话，放上几盆青翠的绿植，会让浴室充满新鲜的活力，而且它们也都喜欢潮湿的环境。

婴儿房
Nursery

婴儿房是指专为新生儿到3岁幼童所准备的房间。拥有一间温暖、舒适而又充满童趣和母爱的婴儿房是每一位准妈妈梦寐以求的。为了迎接即将到来的小宝宝，婴儿房需要考虑的东西还有很多，因为那将是妈妈和宝宝在一起使用时间最长的空间，必须在小宝宝到来之前都准备妥当。

很多准妈妈都喜欢给婴儿房确定某个主题，可能是卡通人物或者动物等，也可能很有创意，带有准妈妈的个人喜好，这样的婴儿房会更有活力和个性。你还可以围绕这个主题来采购所有的婴儿用品，包括婴儿床、五斗柜和墙上的装饰等。它们应该有统一的颜色、统一的图案和统一的主题。无论如何，婴儿房的色彩应该柔和，以淡粉色系为主。

婴儿房的基本要件包括：摇篮、婴儿床或者摇篮式童车，婴儿床品（床单、被子和枕头等），婴儿床垫，床垫或者防水床罩，婴儿监视器（用于妈妈不在婴儿房的时间），婴儿尿布，烟和一氧化碳监测仪（安全考虑）。其他建议增加的婴儿房用品还有：斗柜，（带栏杆的）小儿床，电源插座盖（安全考虑），婴儿换尿布桌，夜间照明（婴儿房任何时候都不应该黑暗无光），尿布处理系统，书架（放置所有与婴儿有关的书籍和尿片等），储物篮、筐或者箱子等。辅助性的婴儿房用品有：婴儿书籍，玩具，保健用品，手提音响（在婴儿房放一点美妙的轻音乐对婴儿的成长有好处），摇椅（用于妈妈给婴儿喂奶或者妈妈休息），弹力椅（婴儿玩耍时用的躺椅，有弹力），湿纸巾加热器，婴儿秋千，婴儿游戏垫，壁挂画，玩具盒或者箱，以及衣柜等。

安全应该作为婴儿房设计的第一考量因素，它的里面不要出现任何尖锐或者坚硬的东西，选择的家具基本以圆角和曲线形为主。玩具不可拆卸，以软绵绵、毛茸茸的玩具为主，购买玩具时确定玩具的适合年龄很重要。

婴儿房用彩色贴画，或者将某一面墙漆成明亮的色彩，如亮绿色或者亮橘色，也可以尝试棕色和粉红色，它们会让婴儿房显得更加活泼可爱。

婴儿房除了专用的各种家具之外，不要忘记窗帘、区域地毯、靠垫、摇椅和搁脚凳，因为婴儿房也是妈妈要花大量时间陪伴孩子的地方，妈妈总有需要坐下来休息一会儿的时候。

婴儿房比较适合于用台灯，因为台灯发出的光线比较柔和，而且台灯罩容易与装饰主题统一。

有五种独特的男孩婴儿房装饰主题可供参考：

恐龙主题——恐龙是大部分男孩喜爱的动物，并且它们还能够伴随着孩子一起成长，卡通化的恐龙非常可爱。

白马王子主题——骑着白色骏马的王子总留给孩子们无尽的想象，王子与公主是孩子们永恒的主题。如果能够请人在墙上画出城堡和森林就更好了。

摇滚主题——多半受喜爱摇滚乐父母的影响，适合于男孩子婴儿房，也许对他将来成为摇滚乐歌手有帮助。

小狗主题——可以让孩子从小熟悉和喜爱小动物，尝试把真狗照片与卡通狗画像混合悬挂。

天空主题——同样适合于男孩子，无论他是2岁还是10岁，太空与太空人、太空船、火箭永远吸引着他们的注意力，顶棚可以配合画成宇宙太空的景象。

女孩婴儿房的装饰主题相对男孩婴儿房来说可能会少一些。很多父母喜欢将女儿的婴儿房刷成粉红色，并饰以条带和蕾丝边。迪士尼故事里的公主是女孩子永远喜爱的主题；此外，活泼的条纹、蝴蝶、七星瓢虫、凯蒂猫和彩虹等也是女孩婴儿房常见的主题。

①～② 婴儿房

保持儿童卧室的整洁不仅是为了让房间看起来干净、舒适，也是为了培养孩子从小养成爱整洁的好习惯。所以，足够的储物空间是儿童卧室首先要解决的问题，无论是用藤筐或者塑料箱，还是五斗柜或者床下抽屉，活动的还是固定的，都是解决的办法。对于准备或者已经上学校读书的孩子们来说，有一套带书架的写字桌椅是最开心不过的了，它也有助于培养孩子从小养成爱读书写字的习惯，所以选择一套环保又实用的儿童写字桌椅非常重要。注意写字桌椅最好可以调节高度以适应孩子身高的变化。

大部分设计师都会建议儿童卧室的墙面应该避免过于强烈的色彩，更好的方法是将色彩用在饰品方面，例如毛毯、（装豆）小布袋、靠垫、

①～③男孩卧室

区域地毯、玩具和许多其他小饰品等。无论如何，都应该尽量让孩子参与到他/她的卧室设计中来，因为他们自己喜欢的色彩和主题决定着他们自己的房间。

有许多种装饰儿童卧室的方法，但基本都是为了把儿童卧室布置得井井有条，并且生动有趣；同时还要考虑一个游戏的区域，是否用储藏盒把玩具收藏起来，还是用开敞的搁板使孩子拿取方便等。

除此之外，还有一些必须考虑的方面：

①安全性第一，确保家具的安全性、窗户的安全性、挂画的安全性等。

②出于安全考量，使用安全插座，避免使用落地灯和台灯。

③窗帘要尽量简单，不要落地式窗帘，也不要任何拉线或者拉绳之类配件。

④儿童床首先要确保其安全性和环保，只有高品质的床具才能够确保孩子的健康与安全；其次是可调节性，可以适应孩子不同年龄阶段的需求变化；最后是多功能性，使床不仅仅是寝具，并且还能够储物，甚至还可以与书桌结合在一起充分地利用空间。

⑤确保上、下床铺和出、入房门均畅通无阻，并且有牢固的把手让孩子把握，绝无突出物和尖刺物等任何安全隐患。避免使用玻璃等易碎品。

⑥充足的储物空间，充分利用床底和柜顶等空间，储物形式多样化。

⑦足够的游戏空间，用一块可清洗的地毯垫在下面，既保安全又易清洁。

⑧儿童卧室的墙面装饰尽量简单，选择容易变换色彩的墙漆可以随着孩子兴趣和爱好的变化而变化。

儿童卧室地面材料

儿童卧房地面主要考虑其抗暴性和高度的安全度，同时也要考虑其清洁的方便性。可考虑的材料有：地毯、实木地板、多层实木地板。

① ~ ③ 女孩卧室

③

儿童浴室

Kids Bathroom

设计一个儿童浴室看起来很简单，但是如何让它既实用又活泼有趣，却仍然需要认真考虑。与儿童卧室一样，儿童浴室的背景主色调应该尽量选用中性的材料，如白色瓷砖和洁具等，并结合容易改变的有色墙漆（当然应该是孩子自己喜欢的色彩），这样更能够适应儿童成长过程中的不断变化，因为不同年龄段儿童的个人喜好会有极大的变化。

为了适应这种变化，所有带有图案的饰品都应该是容易更换的，包括墙上的挂画等。瓷砖和墙漆都应该选择浅纯色的，通常男孩用蓝一绿色调，女孩用粉红一橘红色调，如果是男、女孩共用的浴室则用中性色系。可以选择那种用水粘贴在瓷砖表面的卡通贴画，方便日后更换或者拿掉。这些卡通或者动物等主题的图案应该与浴帘和地毯，甚至包括毛巾保持一致。

所有洁具和家具的尺寸都应该选择符合儿童使用的尺寸，但是也有人希望洁具仍然是成人的尺寸，只是为孩子准备好踏脚凳和儿童马桶垫圈，因为孩子总是会长大的。注意所有的家具和柜子等都应该是圆角处理，不要用易碎的日用品，如玻璃之类。在考虑如何使儿童浴室对孩子更有吸引力，并且能够随着孩子的成长而轻易地变换颜色和饰品的同时，还要充分地考虑以下几个方面：

①安全性第一，让儿童容易够得上龙头等，小板凳必不可少。

②龙头式样应该是适合儿童使用、容易操作的那种。

③

①～③ 儿童浴室

　　③为了防止孩子滑倒，浴缸内和浴缸的前面都应该放置防滑垫和地毯。

　　④儿童浴室的防水施工要求甚至要高过成人的浴室，因为孩子很可能经常会把浴室变成水泽国。

　　⑤准备充足的储物方式，如盒子、柜子、搁板等。

　　⑥注意灯具和插座的防水性。

　　⑦便于日后改变的饰品包括画框、贴画和彩绘等孩子喜爱的图画。

　　⑧大量选择色彩鲜艳的毛巾、玩具和配件等，注意整体色调的统一。

儿童浴室地面材料

　　儿童浴室地面主要考虑其防水性，它必须承受住水、湿气、热气和蒸汽的侵蚀。可考虑的材料有：瓷砖、玻化砖。

家庭影院

Home Theater

　　为家庭影院作装饰设计总是令人兴奋的，也非常具有挑战性。挑选家中一间闲置的房间或者是将地下室作为家庭影院，与直接将客厅兼作家庭影院会有完全不同的结果。当然空间越大，文章越好做。比如大空间可以放进更多的座位，甚至放进影院专用的躺座椅。如果希望享受到专业的视听效果，十分有必要咨询专业人士。家庭影院的室内装饰风格完全依据房主的个人喜好来确定。很多人喜欢在墙上悬挂电影海报，也有人希望把影院装饰成某部电影的场景，当然造价也会有天壤之别。

　　专业人士建议不要把喇叭直接放在地面上，它们应该由专门的支架架空或者放在书架上，最好是距离人坐着时头部的位置有几十公分。家庭影院的地面铺上地毯将有助于提升音质，至于墙面的吸音面积和位置则完全由音响师来决定。看电影时关闭影院内所有照明将有助于提高屏幕的画质。如果家庭影院有窗户，应该采用全封闭型的遮阳帘或者是厚窗帘。尽量使家庭影院在观赏电影时保持全黑的状态，可以在接近地面的位置安装昏暗的夜灯，或者准备手电筒方便临时进出影院。家庭影院的总体照明也不要太亮和直接，以免眼睛在观看电影前后不能及时调整和适应。

　　要设计出一个成功的家庭影院，设计师不仅要懂得最新的A/V设备，从DVD播放机、数字处理机、A/V接收机、喇叭，到最新的高清电视机等，而且要知道如何把它们联系在一起，来共同创造出一个不同凡响的家庭影院。

1 家庭影院设计 ●●●●●●●

　　设计师需要了解任何优化屏幕尺寸来达到最佳的视听效果。确定眼睛与屏幕的距离，确定环绕音响设备、A/V设备、灯光照明的位置，确定家庭影院的尺寸与形状，确定最佳的屏幕尺寸，确定墙面、地面与天花的材质与尺寸等，把所有这些最佳因素组合在一起就能创造出一个理想的家庭影院。

2 选择A/V设备 ●●●●●●●

　　设计师在进行家庭影院设计之前，必须了解最新的A/V设备，它们包括：DVD播放机、数字处理机、A/V接收机、高清电视（HDTV）、液晶电视（LED TV）、等离子电视（Plasma TV）、投影电视（DLP TV）、无线喇叭等。最后做出最佳的搭配方案，其中当然需要专业人士的帮助。

③ 大屏幕电视 vs 投影电视 ●●●●●◌◌

设计师需要了解当前这些大屏幕电视机的最新技术发展情况，为客户寻求一个或几个最佳的选择方案。影像投影技术的发展日新月异，投影设备变得越来越纤薄、明亮和清晰，你的家庭影院是否考虑投影电视，而不是大屏幕电视？

④ 环绕音响 ●●●●◌◌◌

当前有多种多频道环绕音响格式可供家庭影院选择，它们包括杜比定向逻辑系统（Dolby Pro-Logic）、杜比数码环绕系统（Dolby Digital）和数字影院系统（DTS）等。设计师必须了解它们的特点与区别。

⑤ 选择喇叭 ●●●●◌◌◌

面对如此众多的喇叭品牌，哪一款最适合你的家庭影院呢？从小号到大号，从有线到无线，价格也可能是从地下到天上。设计师只有为这些喇叭找到最佳的位置，才能发挥出杜比数码环绕系统和数字影院系统的最佳效果。

⑥ 新型遥控器 ●●●●◌◌◌

如果曾经拥有旧的家庭影院设备，又舍不得放弃，那么需要一个新的遥控器把所有的新、旧设备整合起来。这样，无论你有多少台A/V设备，只需要一个新型遥控器就能全部控制。

①~③ 家庭影院

5.16 家庭酒吧
Home Bar

　　家庭酒吧是一个增进家人与友人之间情感的交流场所。家庭酒吧并非一定与酒精有关，我们可以做成果汁吧、苏打吧或者普通水吧等。家庭酒吧无论大小，只要有个性、有品位，都会具有吸引力。很多人喜欢把酒吧设在厨房，也有人把它放在餐厅，还有人把它藏在卧室的一侧，当然地下室也是个不错的地方。

　　家庭酒吧基本上有四种布置方式：

　　直线形——沿墙壁一字形摆开，所有的酒瓶与酒杯都收藏在台面之下，至少要有三张吧椅一字形排开。

　　展示型——整个酒吧分为三个部分，底层如直线形，酒瓶藏于台面之下，中间层敞开，上层如吊柜收藏酒瓶和酒杯等。

　　L形——短边往往安装一个洗槽，其余与直线形无异。

　　角落型——适合于有限的空间，其实就是一个收藏酒瓶和酒杯的酒柜，可以放在任何角落。

　　家庭酒吧可以在任何时候款待嘉宾，是高级家庭私人聚会必不可少的设施。它可以依据不同的需求而设计成不同的款式和大小，最好结构紧凑、干净整洁、格调高雅。

　　家庭酒吧设计需要考虑以下几个方面：

　　①家庭酒吧预计的服务人数，是几个密友，还是一群朋友？

②需要水槽吗？水槽非常方便用于保持吧台的清洁和清洗酒具，设计时须妥善安排上、下水管。

③需要洗碗机吗？如果需要，不要忘记洗碗机门的开启尺寸及方向，同时注意安排好上、下水管。

④什么样的冰镇方式？台面下的冰箱适合瓶装啤酒，独立的冷却机为红酒准备，或者是一台扎鲜啤机。

⑤不要忘了冰块，准备一个冰箱，还是台面下的制冰机？

⑥展示酒瓶的方式，是敞开式，还是封闭式（请参考图片）？

⑦玻璃器皿和酒的种类与数量，它们决定吧台储藏空间的大小。

⑧家庭酒吧是否需要电视机，或者是音乐？

⑨需要考虑的酒吧工具包括：开塞钻、开瓶器、搅拌机、量匙、混合器、过滤器、榨汁机、水罐（存酒用）、冰桶、冰钳、切板、刀具等。

⑩注意吧椅的式样、墙上的照片或者画作都应该与整体装饰风格保持一致。

⑪ 如果空间狭窄，可以考虑在四周墙壁上安装镜子来增加空间感。

①~④ 家庭酒吧

台球室

Billiard Room

　　出现于欧洲16世纪的台球曾经是在草地上玩的，后来才发展到了台球桌的上面，这就是为什么台球桌的桌面仍然模仿绿色草皮的缘由。今天任何人都可以在自家享受台球带来的乐趣，自家的台球室让你可以在任何时间挥杆一击。在设计台球室之前，应该先购买好台球桌，因为它是台球室最重要，也是最昂贵的一件物品，它决定了台球室的整体色调和氛围。

　　选择中性色彩是个比较保险的方法，也不易与台球桌的颜色起冲突。台球室的色调可以与家里其他房间的色调不同，更应该体现出娱乐和休闲的气氛。如果你想在台球室增加其他的娱乐项目，比如足球游戏台或者游戏桌，尽量选择与台球桌同样的颜色和款式。如果房间够大，还可以在里面增添一个酒吧和电视机等，这样，台球室就变成为一个多功能的游戏室，它也将成为家庭的活动中心。

　　人们喜欢玩台球是因为其只需要简单的技巧，任何人通过练习都能够轻松地掌握它。没有台球桌，就没有台球玩；没有合适的照明，球手就看不清台球了。因此，台球灯的选择至关重要。

　　台球灯应该直接悬挂在台球桌的正上方，与台球桌保持一定的距离，其距离取决于桌面上均匀的照度，这样可以避免产生不该有的阴影。台球灯应该根据台球室的装饰风格来选择其款式、颜色和材质。大多数人喜欢只照亮台球桌面，其余的地方只需要微弱、柔和的光线就可以了，但是在吧台区或者酒水区需要用射灯或者轨道灯作局部照明，这样有助于营造一种轻松、愉快的氛围。

①

①～③ 台球室

台球桌的尺寸应该与台球室的大小相匹配，过大或者过小都会直接影响玩台球的乐趣，选购的时候听取专业人士的建议可以避免少犯错误。

台球桌与台球室的大小关系如下：确定自己最大的击球动作幅度所需的尺寸，在这个基础上增加约20厘米，应该是从任何角度击球均感到舒适的最小台球室的尺寸。设计台球室的时候须注意，台球室的装饰风格应该围绕台球桌的款式来进行设计，因为只有台球桌是台球室的主角。

5.18

健身房
Home Gym

　　如果你想通过健身运动来保持自己的身材和健康，但是又没有足够时间去俱乐部健身，这时你就需要一个自己的家庭健身房。家庭健身房不仅节省了俱乐部的年费或者会员费，还有一些为特别课程收取的额外费用，而且再也不用担心时间的限制，还节省了来往健身俱乐部所耗费的汽油和时间等。

　　建立家庭健身房是一笔小小的投资，实际上也是健康投资，其回报率在日后是不可估量的。只需在家里找一个合适和够大的地方，然后花一笔一次性购买健身器材的费用就可以了。

　　在家庭健身房锻炼身体还可以一举两得：你可以在健身的同时听音乐、看电影、看电视、打电话、看孩子等；你再也不用为了等某件运动器材在俱乐部排队。

　　如果家庭健身房的空间不够大，你可以考虑购买那种可以折叠或者收放的健身器材。如果家里有孩子，这些健身器材最好放在他们够不着的地方。

　　健身房是用于保持身材和健康的地方，不是用于向朋友炫耀的场所，所以既然有了健身房，就要坚持使用它。它会让你的生活品质和身体状况都得到不断提高，因为值得炫耀的只有你的健康。

　　健身房通常会有跑步机、负重哑铃和组合哑铃，而组合健身器是

①～②健身房

个不错的选择。在进行健身房平面布置的时候，所有的健身器材需要的活动空间均须考虑进去。

健身器材有很多种，它们包括跑步机、空中漫步机、臂力机和立式脚踏车等。不同的性别，不同的年龄，不同的健康状况和不同的健身目的，需要的相应器材也不同，比如有人为了减肥，有人为了提高心肺功能，有人为了使身体结实或者只是单纯地锻炼肌肉，需要询问有关方面的专业人员来选择正确的健身器材。

一面可以看到全身的镜子不仅可以让健身房看起来更大些，而且可以在锻炼的同时看到自身的进步，进而增强锻炼的兴趣与信心。注意健身房必须通风良好。如果健身房是在地下室，应该考虑增加空调机。

健身房的背景色彩以橘色与黄色比较理想，因为这两种颜色都能够让人兴奋起来。反之，健身房也可以用让人冷静下来的冷色调。柔和的色调比较适合于类似瑜伽这种需要全身心放松的运动。健身房的墙面上建议悬挂一些自己喜欢的某体育明星或者与健身有关的图片和海报之类。

健身房同样需要注意安全问题。大部分的健身房只是一个人在使用，当超过一个人使用健身房的时候，特别需要保持相互之间的安全距离，有接触的可能意味着有受伤的可能。

健身房的照明没有特别的要求，不需要特别明亮，普通均匀的照明就已经足够。

无论健身房的地面是何种材料，都应该在所有的健身器材与地面接触的地方用橡胶垫隔开，也可以考虑用橡胶垫把健身房地面铺满。

5.19

书房

Study

一般来说，书房既可以是阅读、文字处理或者用电脑的地方，也可以是孩子们做功课的地方，还可以是运营家庭式办公的场所。因为需要集中注意力和保持头脑清醒，所以墙面选择淡黄色、灰白或者纯白都不错。书房的基本要素包括书桌、椅子、电脑、书架/书柜和台灯等，每个人根据自己的需要来决定具体的要素。如果书房仅供阅读之用，那么需要一个较大的书架/书柜，选择一张舒适的单人沙发，配上踏脚凳，旁边一张边桌放茶或者咖啡，后面一盏落地台灯。如果书房主要用于电脑工作，那么选择一套现代化的电脑桌、椅，台灯和文件柜就足够了。

无论是一个僻静的读书角落，还是一个繁忙的商务中心，家庭书房都应该实用和诱人。为了达到这一目的，设计书房之前应该确定所有在书房的活动内容。

比方说，这里是仅供主人一人使用，还是与孩子们共享；是一间独立的书房，还是一间多功能的房间。当功能确定之后，还需要确定基础设施是否到位。

为了书房的整洁、干净，最好把电源线和电脑线妥善地隐藏起来。确定是否有足够的电源插座和电话插孔。为了设备的安全，需要电涌保护器。确定电脑和其他设备的连接线是否够长。

视觉焦点是趣味的起点，如果视觉焦点既不是壁炉，也不是有景观的窗户，那么就需要考虑设计出一个。首先，这个视觉焦点必须是自己喜欢的，第二，它不能占据太多的空间，以免让人感到局促不安。

关于书房设计的有益建议：

①把工作区域安排成"L"形或者"U"形，如此，所有的物品均能伸手可及。

②如果书房有多功能性质，一个电脑柜能够让房间显得整洁许多。

③除了固定或者活动的普照灯具之外，一盏书桌台灯必不可少，普照灯具可以考虑变光开关，注意光线不要在桌面上造成任何阴影。

④无论你在书房里待多长时间，一张舒适的椅子比什么都重要，而且最好是带旋转轴的那种。

⑤足够的书架不但可以摆放书籍，而且还能展示主人的个人收藏。

⑥注意不要让窗外的自然光在书桌上的电脑屏幕上产生任何的眩光，或者反光。

⑦书房的窗帘或者帷幔要尽量简单，通常用遮阳帘比较理想。

当以上所有的内容都确定之后，接下来需要考虑用一些饰品来装饰你的书房，例如悬挂艺术画框或者家庭照片等。

比较舒适的书房色彩包括米白、绿、奶黄和某些蓝调等，而且色调宜在浅调—中调之间。

书房地面材料

书房地面主要考虑其耐磨性，因为这里会留下主人和宾客经常走动的痕迹。可考虑的材料有：瓷砖、玻化砖、大理石饰面砖、实木地板、地毯。瓷砖坚固、耐磨、易清理；木地板温暖、舒适、脚感好；地毯温暖、亲切、选择广。

5.20

阁楼
Attic/Loft

在美式家居空间中，最具魅力和神秘感的莫过于阁楼。这个过去曾经是那些尚未出名的艺术家们居住和工作的廉价寓所，多半称作Attic，在现代的都市里，已经成为崇尚城市生活的雅皮士们迷恋的时尚居住空间，现在称之为Loft，它们都是指的顶层空间。

传统的阁楼只是一个单间，通常的做法是将其设计成一个工作室，配上折叠式沙发床供临时客人留宿。这个时候，最好用可折叠和收藏的隔断来划分不同的使用区域，色彩和材料都尽量越少越好，以实用为主。

现代的阁楼装饰常常用光滑的材料（不锈钢与玻璃）来体现工业化的特征，同时与随意的乡村粗犷材质（木材与石材）形成对比。植物可以用来软化它们之间的冲突。现代阁楼的主色调为中性的白色、褐色、米色，或者灰褐色；有时候也用醒目的暖色调，如红色、橙色、金色和灰绿色的墙面或者家具来点缀和平衡。为了在视觉上降低顶棚的高度和掩饰裸露的构件和管道，顶棚应该选择较深色调。

唯一没有改变的是其开敞的空间特点，高耸的顶棚，宽大的窗户，水泥地面和裸露的管道。除了卫生间有墙体遮蔽之外，其余部分几乎就是一个整体空间，需要用区域地毯、家具和隔断来

①～③ 阁楼

重新定义休息区、娱乐区、储藏区和工作区等。具体的书架、搁脚凳、衣箱和储物柜必不可少，大型的衣橱十分必要，滑动、移动和折叠的屏风、磨砂玻璃片，或者各种织物的垂幔都可以用来保护一点个人的隐私。

　　大块的色彩图案有助于打破装饰的空白，柔软的靠垫和阿富汗毛毯带给阁楼一丝温暖。可以用大叶植物或者穿透式书架来分隔用餐区与起居区。沙发和椅子可以用棉布、羊毛、麻布或者皮革包裹起来，安上脚轮的椅子和家具非常适合于阁楼空间可以随时变换使用需求的特点。对于这个独特的阁楼空间，不可忽略其工作照明和情景照明，因为其魅力和神秘感均源于此。阁楼的主灯具应该为吊灯或者枝形吊灯。

　　阁楼的魅力之一来自其极具挑战的室内设计和永无止境的想象空间。然而，装饰阁楼的第一步仍然是确定其用途——工作、休闲还是娱乐，剩下的是如何灵活地应用以上建议。没有人想用隔墙来划分阁楼的使用空间。阁楼的魅力之二来自其空间的建筑结构特征：裸露的梁、柱、管道等。由于现代阁楼属于工业化之后的产物，大多数人愿意把阁楼装饰成当代风格，这样我们无须过多担心装饰的细节。几件多功能的家具，几幅几何形抽象艺术画原作或者印刷品，再配上几个色彩鲜艳的靠枕，一个充满魅力的阁楼装饰就基本完成了。

5.21

衣帽间
Walk-In Closet

　　想让卧室看起来清爽、整洁，设计一个衣帽间是最好的解决办法。衣帽间并不需要太大的空间，只需要掌握一些关于衣帽间布置的基本知识就能做到。最简单的衣帽间其实就是个衣橱，几层搁板加上几根挂衣杆，再配上几扇推拉门。真正的衣帽间能够让你充分展示所有的服饰、鞋帽。通体的镜子甚至可以水平或者垂直地拉出、旋转，这样你就可以从不同的角度欣赏到自己的衣着打扮。

　　设计出一个方便又实用的衣帽间首先从平面开始。设计原则是最大可能地利用空间，同时最大可能地提高效率——以最短的时间拿到想要的东西。衣帽间又称走入式衣柜，它的设计理念打破了过去站在衣柜外面拿取衣物的传统；走入式意味着你可以走进衣柜拿取衣物。衣帽间运用了所有储藏衣物的方法，但是一些帆布和篮筐就不适合较重的衣物。网兜也不适合放衣物，因为它会在衣物上面留下痕迹。实木是最结实，也是很容易制作衣帽间的材料。

　　个人工作与生活的特点与习惯决定了个人存放衣物的方式。比方说，如果你需要每天穿职业装上班，那么就需要足够的挂衣杆，如此才能够保持职业装的整洁。

①~② 衣帽间

放鞋子有两种方式：搁板与鞋架。两种方式各有所长，可以依自己的习惯而定。抽屉是存放袜子、内衣和小件衣物的最好方式。应该把抽屉设置在与膝盖等高或者更低些的地方，那些较低的无用空间可以考虑用抽屉来填补它们。

有一种可以拉下来的挂衣杆非常适合拿取挂在高处的衣物，提高了衣帽间的存放效率。尽量多设计挂衣杆，它不仅方便拿取，而且有利于衣物的整洁。根据自己的生活习惯，把最常穿的衣物放在最容易拿到的地方。放折叠衣物的搁板最好处于挂衣杆的上方。一块可以缩放自如的烫衣板非常方便。

照明是设计衣帽间常常被忽略的一个元素，一般是一盏吸顶灯了事。轨道射灯是个不错的主意，它可以照射到任何希望看清楚的角落。条形照明（或称光带照明）也是非常适合衣帽间的照明方式，它通常采用荧光灯管或者发光二极管灯。为了避免火灾（衣帽间里面都是些易燃物品），最好不要采用卤素灯和白炽灯泡；不发热荧光灯管最安全。设置感应器将有助于防火，它只有在有动静的时候才会亮，没人的时候会自动关闭。

酒窖

Wine Cellar

很多葡萄酒爱好者都开始热衷于打造一个属于自己的酒窖，依靠合理与科学的设计，实现这个梦想并不难。对于葡萄酒的收藏，每个人都会有不同的支出与需求。有的人专注于独自品酒，那么只需要一个小酒柜就足够了；有的人热衷于呼朋唤友，围坐在品酒桌前豪饮，周围是一排排的酒架和冷藏柜，这就需要一个正式的酒窖，才能体现出热烈的气氛。酒窖并非一定要在地下室，只要符合储藏葡萄酒的条件，任何地方都可以作为酒窖。

酒窖首先必须满足葡萄酒储藏的干燥和低温要求，这一要求源自模仿法国传奇的葡萄酒山洞的自然条件，同时也是保证葡萄酒品质的必要条件。理想的酒窖温度必须严格地控制在摄氏14℃，酒窖湿度控制在60%的相对湿度，而且不得有急剧和突然的变化，不能有噪音和震动。高级的葡萄酒是一种娇贵的奢侈品。

事实上，葡萄酒一旦进入到温度较高的空间，它的口感便开始下降，并且会变苦。所以，酒窖可以延长葡萄酒的保质期，并且保证葡萄酒的最佳口感。

进入酒窖的走道应该保证有1.1米的宽度，方便存取葡萄酒。无论如何，酒窖的设计由使用它的方式来决定。如果希望有很多人来品酒论道，也许需要在酒窖的外间建造一个单独的品酒室，在这里摆上品酒桌、酒杯、酒架和冷酒器等，这样不至于因为人体温度的上升而影响到其他的葡萄酒。

传统的酒窖通常是用红杉木来建造，因为红杉木有助于控制湿度。其他可用的木材

① 进入酒窖的锻铁铁门 ② ~ ⑤ 酒窖

还包括桃花心木、橡木、樱桃木和枫木等。很多人喜欢用原木，然后按照自己喜欢的颜色给原木擦色并且上清漆。但是杉木（或称雪松）这类带有气味的木材最好不要用于酒窖，因为这种气味会通过各种途径进入到酒瓶当中，从而影响葡萄酒的品质。

地下室是改造成酒窖的最佳地方，当然是因为地下室隔断了阳光，具有相对稳定的温度和湿度。

对于一个正式的酒窖，酒窖门是一个不可忽视的装饰元素。在大多数情况下，酒窖门是用锻铁铁艺制作，也有用实木门的。锻铁铁艺更能够体现出地中海葡萄酒文化的渊源与特色，而且铁艺门上多半会有葡萄和葡萄叶的图形，传达出强烈的葡萄酒信息。

最常用的酒架是组装式酒架，它可以适应任何形状的空间，包括楼梯间的下面。其次菱形和三角形的酒架也非常流行。无论用什么材料来制作酒架，在放入葡萄酒之前，必须确定酒窖里面没有任何异味残留。至于金属酒架，虽然不会有异味的问题，而且结实耐用，但是没有实木酒架看起来有葡萄酒的感觉。

地下室
Basement

很多人都喜欢把地下室改造成健身房、洗衣房、书房、酒吧、家庭影院，或者是儿童游戏室，还有客人的备用房等。如果你拥有一个地下室，为什么不去好好地利用它呢？如果仔细规划、合理安排，它也许能够变成全家人最喜欢待的地方。

由于地下室的地面通常是由钢筋混凝土浇筑而成，水和水汽会通过地面渗入到地下室内部，从而产生霉菌和霉臭味，而潮湿也会令任何涂料产生气泡和剥落。如果地毯铺在潮湿的地面上，也会很容易因发霉而损坏。所以，改造地下室的第一步就是对其地面以及墙面进行防水处理。

硅酸钠永凝液是一种无毒、环保型的化学渗透型混凝土防水剂，是目前最有效的一种室内地面防水材料。地下室混凝土地面的水渗透问题不会因为眼睛看不见而不存在，不要抱有任何侥幸心理，以为自己的地下室不会有水或者潮湿的问题。在对地下室进行任何改造和装饰之前必须把防水工程做好，以免后患无穷，也避免日后更大的经济损失。

由于地下室是个相对封闭或者窗户很小的空间，因此一般都会建议采用明亮或者浅淡的色彩，就算你不喜欢浅色调的背景，也可以选择一些明亮色彩的家具。镜子可以使空间显大，地下室甚至可以考虑整面墙都是镜子。

以下几种常见的地下室改造方案设计指南可供参考：

地下室家庭影院——在动手设计之前，先准确地测量出地下室的大小，带着这张测量图去家庭影院专卖店，寻找适合自己的设备，并且听取专业人士的意见，最后再决定如何布置。

地下室娱乐室——可以考虑一个台球桌、一台壁挂式电视机和一台游戏机等，一张双人沙发非常贴心，地下室应该是个随心所欲的地方。

地下室体育酒吧——这是一个专为欣赏体育节目，并且可以放肆狂吼的私人酒吧。你可以考虑一个舒适而又漂亮的酒吧，再配上一台大电视机，这可真是一个令人梦寐以求的狂欢酒吧。特别是到了有重大比赛的季节，你再也不用担心会骚扰到家人和邻居。

地下室卧室——对于经常会有亲戚朋友来访，家里卧室又不够多的家庭来说，在地下室开辟一间客人卧室是个非常不错的主意。你甚至可以为客人准备一个小厨房，让他们拥有一个自己的空间。

地下室健身房——拥有一间自己的健身房远比花时间和金钱在一大堆人面前锻炼身体来得自在。地下室真是个改造成健身房的绝妙空间，任何时间、任何器材都是自己最习惯的，真是再方便不过了。

地下室储藏间与卫生间——地下室储藏间几乎可以想要多大就有多大，所有的杂物都可以放在别人看不见的地方，地面上的房间就会变得宽敞而又整洁。对酒吧、家庭影院、健身房和客人卧室来说，有一间近在咫尺的卫生间非常方便。

地下室儿童娱乐室——对儿童来说，有一间任他们玩乐的大房间几乎是个梦想，不过这个梦想可以在地下室里实现。对家长来说，有这么一间可以保持地上房间整洁的儿童娱乐室也是个梦想。这个儿童娱乐室可以很复杂，也可以非常简单，只需要粉刷墙面、铺几块地毯，对孩子们来说就足够了。

地下室地面材料

地下室地面主要考虑中等程度的使用情况，地下室考虑的地面材料包括瓷砖、玻化砖、大理石饰面砖、实木地板、竹木地板和花岗岩砖。

①地下室家庭影院
②地下室酒吧
③地下室健身房

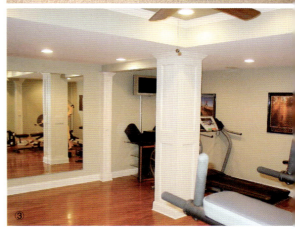

车库

Garage

　　车库也许是家庭室内空间当中最不被重视的空间。但是没有人愿意看到车库里面堆满了各种杂物，无处插脚，一派杂乱无章的景象。有七个简单的步骤可以让车库很快变得井然有序。

　　打扫干净——首先用扫帚、抹布、吸尘器和拖把等任何可以把肮脏和污垢清洗干净的工具，把车库里面多年堆积的杂物清理干净，这是整理车库的第一步：清理地面。

　　留着还是扔掉——使车库变成杂物堆放场的主要原因之一就是对于杂物是留着还是扔掉犹豫不决，最后越积越多，尤其是对于那些只是偶尔用一回的东西。这是整理车库最艰难的一步：强迫自己做出决定。一旦做出了决定，就迈出了整理车库的第二步。记住有些自己不需要的东西也许正是别人寻找的。

　　分门别类——一旦完成了分类与筛选车库的杂物之后，你就可以把它们按照需要进行分类摆放。通常是按照功能来分类，例如一般工具、汽车工具、花园工具和体育用品等。为了不让自己将来找不到它们，还可以为它们贴上小标签。

　　选择储藏方式——最便宜的方式可能就是自己动手用木材、金属和塑料做储物架。如果不愿意自己花时间和精力，仍然有多种储藏方式可供选择。建议选择那种灵活度比较大

①② 车库

的储藏方式，它们可以适应不同的储藏要求，搁板放大件物品，抽屉放小件物品，工具架放工具，上锁的柜子放重要的或者危险的物品等。

安排——决定好了储藏方式之后，就要确定每块搁板、每个柜子和抽屉等的摆放位置，建议先画个平面图，调整到自己满意之后，再来具体安排。

一切为了方便——事实上，方便应该是把车库杂物整理得有条不紊的主要目的之一，方便自己，也方便别人。方便意味着可以快捷、轻松地取到自己想要的物品。

复查与调整——当一切整理工作完成之后，有必要对整理的结果检查一遍，看是否还有调整到更方便的可能性，因为方便性本身就是调整车库的主要目的。

洗衣房

Laundry Room

　　洗衣房是家居里面使用频率最高的房间之一，也是最容易被忽略的房间之一。很少有人想到通过简单的装饰使洗衣工作和洗衣房变得不再枯燥乏味。首先需要确定洗衣房的主题，它可能是海滩、某赛车明星等，或者是用搓衣板装饰的老式洗衣房。如果洗衣房够大，你还可以考虑在里面放上一把椅子，买个放书或者杂志的搁板或者筐子，这样在等待洗衣机工作的时候也不会无聊。墙上可以装饰一点个性化的艺术品、家庭照片，或者是留言板等。

　　在洗衣房准备一个针线包是个不错的主意，你可以随时将松散的扣子或者口袋缝好。洗衣筐必不可少，放几个筐子更方便把脏衣服分类；有些衣服不能同时放进洗衣机里面。建议为每个家庭成员在浴室里都准备一只篮筐，以便主妇按时收集它们。

　　在洗衣房的地上铺一块圆形地毯会让人感受到体贴和温馨。通常我们看到洗衣房里面就是洗衣机、烘干机、水池和柜子，还有盛脏衣服的大篮子。很多人对于如何装饰这样一个小空间感到束手无策。如果有窗户，只需要浅色的窗帘让光线可以进来；洗衣房需要充足的光线，这样脏衣服上的任何污渍都逃不掉。建议在洗衣房使用轨道射灯。

　　洗衣房的地面通常以瓷砖为主。它的墙面常用防水墙漆，壁纸并不适合于潮湿的洗衣房。墙漆的色彩以干净、明亮、活泼为主，如淡黄色、柠檬色和橘色等。如果洗衣房够

大，你可以考虑有一个专门的台子用来折叠烘干后的衣服，这样免于把洗好的衣服拿到另一个房间去折叠。

　　洗衣房不用担心会有客人看到，所以它可以装饰得非常个性化。无论它是搞笑、幼稚，还是疯狂、另类都不过分。你可以做墙绘、挂旧照片，或者电影海报等。尝试在洗衣房放几盆小型盆栽，哪怕是人造植物，都会给洗衣房注入一丝活力。让一台小型收录机给洗衣房带来几分愉悦，一台小电风扇也有助于洗衣房的空气流通。总之，洗衣房再也不是专供妇女做家庭杂务的空间，它应该是你不用担心会有人来打扰的私密空间。

①～②洗衣房

PART 6
装饰工程
Decorative Work

　　装饰工程是在房屋的结构部分建造完成之后对房屋的内部空间所进行的修饰和美化，主要是针对空间的六个面进行的安装、铺贴、粉刷和描绘等工作。装饰工程的项目可繁可简，依据各方面的条件而定，也与选择的各种装饰风格息息相关，但是有一些基本项目是不可缺少的，比方说地面处理、橱柜和洁具的选择等。至于水、电部分应该包括在建筑工程之内。经过了数百年的发展、进步，装饰工程已经成为家庭装饰中重要的组成部分，了解相关的装饰工程知识将有助于我们作出最佳选择，并且最后实现我们心目中的美好家园。

墙漆、仿真墙绘、壁纸

Wall Painting
Faux Painting
Wallpaper

1 墙漆 ●●●●●●●●

　　家，不仅是一个让你全身心放松的地方，而且是你个性的延伸。家庭装饰艺术的美感主要来自墙面与地面，其中墙漆最值得重视，家庭室内主色调通过墙漆就足以表达主人的心声。每个人都会有自己最喜爱的墙漆色调，也有一些人为了与房间内的家具协调而挑选墙漆。以下是关于墙漆的有益建议和技术，它们都有助于将一间普通的房间变得温馨而又舒适。

　　①在应用任何室内墙漆技术之前，在墙漆店里就应该根据色卡来确认自己最后的选择，这还包括具体的刷墙技术和色彩调配等。

　　②在仔细挑选任何特别的色彩调配之前，必须时刻记住房间家具的色调，以及房间在日光和灯光下的亮度，因为越亮的房间，色彩应该越深。

　　③任何一种墙漆的选择都会影响房间的美观。哑光漆是大部分房间的标准墙漆；缎光漆带有一点光泽，易于清洁，适合于大部分的墙面，但是在大面积应用前最好进行小面积的测试；半光漆特别适合于厨房及其他区域，如浴室和儿童房；亮光漆带有光泽，适合于

墙漆的应用

那种需要抵抗污垢和灰尘的表面，例如厨房的橱柜、门与门套。

④在室内墙面制造一些有趣的肌理效果是家庭装饰的重要内容之一。一些常用的装饰性墙漆技术包括镂花涂刷技术（将镂空图案的模板覆盖在待涂表面，用刷子或者海绵将墙漆涂刷或者轻拍在空白处）和墙绘技术（模仿自然材料，如威尼斯灰泥、大理石或者石材的纹理）。

⑤墙漆的色彩以中性色调为主，应避免采用明亮、艳丽的色彩，建议先在小面积上试刷看效果。

⑥在实际进行墙漆施工之前，把房间内所有的家具、窗帘和灯具等都移走，仔细地将墙面破洞、裂缝和凹痕等修补好，待干透后打磨，为墙漆涂刷准备好一个平整的基础。

⑦粉刷卧室时，建议采用那些浅淡并且有助于睡眠的色彩，如蓝色和浅淡柔和的色彩。

⑧记住深色使房间显小，竖纹使房间增高，横纹把房间拉宽。卧室里面适合用小花朵图案、线状图案和几何形图案。

2 仿真墙绘 ●●●●●●●

仿真墙绘是一门古老的墙面和顶棚装饰艺术。3万年前穴居人留下的岩画就是最原始的仿真墙绘。仿真墙绘主要发源于地中海盆地的法国与西班牙等国。在古希腊和古罗马留下的许多遗迹中都能看到大量精美绝伦的仿真墙绘，又称做壁画，它们不仅被广泛地应用于教堂、宫殿和别墅当中，也大量地应用于普通百姓之家。中国古代的壁画主要应用于皇家宫殿与陵墓当中，但是它并

①～④仿真墙绘

①

②

③

④

未在中国的民间普及。

　　传统的仿真墙绘以地中海盆地为代表，并且具有特定的配方和技法，代代相传，传遍世界各地，其中以托斯卡纳的仿真墙绘最为闻名遐迩。仿真墙绘既可以描绘出如窗外栩栩如生的自然景观一样的壁画效果，也可以模仿出逼真的自然纹理或者做旧痕迹的肌理效果。

　　仿真墙绘通常应用在厨房、浴室、酒窖、水疗室和更衣室等空间。我们可以在客厅里描绘山水风景或者人物，在厨房里描绘蔬菜与水果，在儿童房或者婴儿房画上他们喜爱的动物、卡通人物或者体育运动等内容。家里任何用于放松和娱乐的房间都可以用仿真墙绘装饰墙面或者顶棚，这是除了墙挂艺术品之外更为生动和更舒适的墙面装饰艺术。

　　传统的仿真墙绘技法包括：

　　压纹法——用蘸取颜料的湿碎布在墙面基层上随意而快速地擦拭，从而产生类似大理石般的肌理效果。

　　海绵法——用蘸满颜料的海绵在墙面基层上随意而快速地轻拍，从而产生丰富细腻的纹理效果；也可以用海绵把底层颜料随意地点擦掉。

　　点彩法——用蘸满颜料的棉花棒或者刷子在墙面基层上一层层点出画面或者肌理效果。

　　洗彩法——用蘸满混合颜料的海绵把色彩揉擦在墙面上，产生如多次擦洗过的做旧痕迹。

　　拖曳法——在平涂的底漆基础上，用蘸满釉料的宽刷子从上而下涂刷，从而产生木纹或者条纹的效果。

　　浮雕式灰色装饰画法——指灰色调或者近灰色调的画法，制造出类似于浮雕般的立体效果。

　　壁画法——是所有仿真墙绘技法当中最费工费时的传统技法，也是艺术效果最好的一种技法。它是用水调匀粉状颜料直接画在未干透的石灰粉饰墙面上。

❸ 壁纸 ●●●●●●○○

　　1771年，第一批到达新大陆的欧洲人急于延续和复制欧洲大陆的家居时尚，那时的壁纸均为手工制作，属于富有阶层的奢侈品。独立战争之后，为了满足市场的需要，美国人开始自己造壁纸。19世纪初，美国人开始用机器生产壁纸，使得壁纸色彩更为丰富，同时也更为大众化，阿拉伯式图案开始盛行。壁纸界涌现出了一批优秀的设计师，其中的代表人物如威廉·莫里斯（William Morris）。

　　历史上的美式壁纸曾经主要以花卉、风景和几何图案为主。与英式壁纸和法式壁纸不同，美国人喜欢非写实手法的花卉图案，用色控制在6~8种之间，造型简朴大方，染色如

水彩画般淡雅；几何图案常常是漩涡形花纹、菱形和条纹等；风景图案则以气势磅礴的自然风光为主，产生如同壁画一般的效果。

20世纪初，美国人一度认为壁纸已成为过时的装饰品而放弃使用它，装饰实用主义成为主流。但是，半个世纪过后，美国人发现壁纸给室内空间所带来的美感，尤其是为家庭居住空间所带来的独有的浪漫和温馨气息，是其他的装饰材料所无法替代的。一直到今天，壁纸已经成为家庭装饰艺术中非常重要的一种艺术手段。如今已经有许多种材质和花色的壁纸供设计师选择，但是如何将它们运用得恰到好处仍然是一个需要不断探索的课题。

下面是壁纸的一些常见应用手法：

①用壁纸装饰壁橱、凹空间和角落。在一个狭窄的工作区域、儿童游戏区域，或者一个供阅读和休息的角落，可以考虑用明亮的图案或者浅色的壁纸。

②用壁纸装饰房间的某一面墙。这面墙也许处于较暗的区域，可以用壁纸使其明亮起来；或者某片墙单调乏味，运用壁纸能使其顿时鲜活起来。

③用壁纸装饰部分房间。可以用壁纸装饰楼上的卧室和楼下的客厅，与其他没有壁纸的房间区分开来，这样可以创造出一个更有吸引力的家。当然，也可以用壁纸来装饰一些次要的空间，例如洗衣房、书房或者盥洗室，让这些房间看起来更加特别一点。仔细地规

① 威廉·莫里斯壁纸　②~④ 壁纸的应用

划每个房间的色彩，尽力使其互补而不是对比。

④用壁纸装饰每一间房。家庭厅可以采用充满活力的壁纸，卧室则适合选用柔和的花卉图案，或者是清淡、优雅的色彩。不同房间采用壁纸的图案和花纹应该有所不同，但是主题和色调要协调统一。

⑤用花边壁纸装饰墙面。花边壁纸不仅适用于儿童房，也可以用于其他任何一个房间。花边壁纸可以给房间带来特征、色彩和细节，同时也体现了主人的个性与张扬。带有植物图案的花边壁纸用在厨房里，会产生强烈的乡村/田园风格氛围。花边壁纸的作用还包括修边、收口、降低高度、产生腰线、制造视错觉、增加结构感等。

常见的壁纸有以下一些品种：

当代壁纸——包括抽象、花缎、花卉、几何、植物、复古、异域、卷叶、条纹、热带和海滩、仿织品、仿砖石和仿墙绘等图案，适合于都市、混搭和当代装饰风格。

厨房和浴室壁纸——包括用于厨房的水果、茶和咖啡、葡萄酒、橄榄、公鸡、母鸡和蔬菜等图案，以及用于浴室的贝壳、热带鱼、花园、常青藤、向日葵、雏菊和修剪的灌木等图案。

古典壁纸——包括装饰艺术、新艺术、工艺美术、英式殖民、法式田园、哥特式、新

墙漆与壁纸的混合应用

壁纸与墙裙

古典、传统农舍和维多利亚风格的树枝、建筑、花缎、花卉、水果、徽章、波纹、单色、佩斯利纹、方格、编织纹、手写字体、卷叶、垂花饰和花环等图案，适合于新古典和维多利亚装饰风格。

农舍壁纸——包括花径、花卉、植物、条纹、方格、花缎、卷形花纹、花园、花篮、花架、鸟类、云彩和砖石等图案，适合于田园怀旧和复古乡村装饰风格。

田园壁纸——包括美国早期农舍常见的篮筐、鸟笼、工具、水果、条纹、方格、干花、牲畜、花园、仿木纹、心形、星形、向日葵、雏菊和拼缝被子等图案，适合于美国民间、田园和早期田园装饰风格。

热带壁纸——包括竹子、砖石、城市、街道、兽皮、马术、狩猎、仿夏布、火烈鸟、葡萄与葡萄酒、灯塔、猴子、橄榄树、棕榈树、菠萝、海洋哺乳动物、热带鱼、热带鸟、热带花卉、贝壳、珊瑚、海景、船舶和仿砖石墙等图案，适合于热带、海岸和东方装饰风格。

新奇壁纸——包括飞机、赛车、自行车、摩托车、球类运动、冬季运动、水上运动、船只、海滩、汽车、猫狗、天空、云彩、娱乐、时装、地图、马匹、军人、音乐、报纸、怀旧、街景、海洋哺乳动物、贝壳和热带鱼等图案，适合于游戏室。

乡村/西部壁纸——包括群山、森林、麋鹿、郊狼、松鼠、鸟类、野鸭、野鹅、野营、划独木舟、垂钓、狩猎、牛仔、骏马、沙漠景色、仙人掌、陶瓷、仿皮革、方格、松果、常青树、原木、树皮、树木和仿砖砌墙等图案，适合于西部和西南装饰风格。

儿童壁纸——包括卡通人物或者动物、飞机、字母、数字、昆虫、海滩、渔船、马戏、云彩、工程车、消防车、火车、舞蹈、体操、恐龙、野生动物、星空、农场、青蛙、蜥蜴、小马驹、小宠物、儿童体育项目、军队、玩具和泰迪熊等图案，适合于婴儿房、儿童卧室和浴室。

6.2

瓷砖、马赛克、实木地板/多层实木地板、地毯、大理石、塑胶地毡

Ceramic tile, Mosaic tile
Hardwood/Laminate flooring
Carpeting, Marble flooring, Vinyl flooring

❶ 瓷砖 ●●●●●●●

　　人类期望为自己创造出美丽而又牢固的家园，这一美好的愿望使得人类制作瓷砖的历史可以追溯到4000年前。在最古老的埃及金字塔里，在毁灭的巴比伦废墟里，在希腊古城的遗址里，人们都发现了美丽的瓷片。装饰性的瓷片最早在近东出现，它们在那里流行的时间远远超过世界上任何其他的地区。在古波斯人统治时期，波斯帝国拥有所有的瓷片装饰技术，这些技术源自于中国的瓷器，并使其达到极致。直到12世纪后半叶，装饰瓷片才得以在西班牙广泛使用。从那以后，西班牙与葡萄牙的瓷片马赛克，意大利文艺复兴时期的氧化锡地面瓷片，比利时安特卫普的彩陶，英国与荷兰的瓷像技术，还有德国的瓷砖制造技术等，所有这些都对瓷砖技术的发展做出了卓越的贡献。

　　今天市场上的瓷砖基本分为釉面瓷砖和无釉瓷砖两大类。釉面瓷砖通常有着不同的光泽、图案和花色，表面反射高光，平整并且防滑，适合于墙和地面装饰。无釉瓷砖包括马赛克和缸砖，前者防潮、防污而且坚固；后者颜色偏红，透气并且形状不规则。

　　瓷砖被视为所有墙与地面装饰材料当中最

①

②

为结实耐用的材料之一。它们不怕火、不生烟，无异味；它们防潮，特别适合于潮湿、有水的空间；它们耐磨、防滑、抗污渍和抗褪色，而且安装简便、维护容易；它们是如此的清洁卫生，因此被广泛地应用于卫生标准较高的空间。

① ~ ② 浴室瓷砖铺贴
③ 厨房瓷砖铺贴
④ 手工彩绘瓷砖与赤陶砖的搭配

瓷砖装饰墙和地面小贴士

（1）为了使浴室的视觉效果更整洁、活泼，可以挑选对比色的边线瓷砖用于浴缸或者台板的边沿。

（2）在厨房的备餐区、餐桌的下面或者客厅的沙发前，可以用花片瓷砖贴出这个区域的边界线。

（3）在浴室里面，可以把玻璃砖与瓷砖混合应用，让它们与水一起产生奇妙的反射光和折射光。

（4）为了使比较平淡的单色瓷砖地面更有活力和魅力，可以考虑把花片瓷砖与普通瓷砖随意地混合搭配铺贴。

（5）用手工彩绘瓷砖作为赤陶砖的边界线会产生浓烈的传统西班牙风情。

（6）为了防水和油污，用做厨房灶台背板和洗槽挡水板的瓷砖应该是釉面瓷砖，挑选这些瓷砖的时候，应该考虑其花色与厨房的整体色调保持统一。

门厅地面的马赛克

马赛克与木地板的搭配

② 马赛克 ●●●●●●●

马赛克的应用历史可以追溯到公元前200年的希腊，那时称之为小镶嵌片；古罗马时期已经大量采用马赛克来制作精美的几何形图案，以及人和动物等图案。这一技术后又流传至拜占庭帝国。很多古文明喜欢用马赛克来描绘他们的神，不同的是，古罗马把马赛克用在地面上，拜占庭则用在墙和顶棚上。

现代的马赛克早已不用于宗教。因为其丰富的花色和肌理，马赛克作为装饰元素被大量用于家庭装饰设计当中。现代马赛克的材质包括玻璃、陶瓷、瓷器、石头、卵石，甚至不锈钢，其中以玻璃马赛克的应用最为广泛。玻璃马赛克又包括了水晶色和荧光色二种。

马赛克主要用于浴室、厨房和游泳池，以加强装饰的效果。它也可以用在门厅或者过道作为装饰花边和中心图案。任何人想展示他的想象力和创造力，马赛克是一种非常理想的装饰材料。有人用马赛克铺贴浴缸或者游泳池，也有人用它在墙上或者地上拼贴图案，还有人把它铺贴在桌面上拼成各种图案，真是创意无限。

③ 实木地板/多层实木地板 ●●●●●●●

常见的实木地板原料有橡木、枫木、山核桃木和水曲柳等，实木地板可以染成任何想要的色彩，只要维护得当，实木地板几乎可以一直使用下去。

实木地板的优点：维护简便，即使用旧了还可以翻新，经久耐用，充分体现了房子的价值。这种看起来有点老式的地面材料似乎从未过时。没有人能够否认实木地板的美感。实木地板是指整块地板只有一块木材，而多层实木地板，顾名思义，是由普通木材做基层，表面覆盖硬木。两种木地板的结构不同、特点不同，当然价格也不同。

在所有的木材当中，最为流行的橡木以耐用、美观和适应性见长。其他常用的木材还有胡桃木、**桦木**和榉木等，此外不常用的木材还有桦木、樱桃木和枫木等。至于红柳桉木和印茄木因为量少较贵，一般不太使用。无论何种木地板，在冬天铺上一块区域地毯总是令人感到特别的温暖。

多层实木地板曾经被认为只是实木地板的替代品，而现在它已经成为一种理所当然的选择。多层实木地板以其外表与实木地板几乎无异和低廉的价格而赢得市场，由于它的耐久性和丰富的纹理与图案，已经进入到越来越多的家庭里面。

④ 地毯 ●●●●●●●●

20世纪50年代以来，地毯成为了流行的地面材料。它具有良好的绝缘特性和吸声效果，清洁简便，几乎包括所有的色彩和图案，厚薄任选，纹理丰富，施工简单。

传统地毯是由人造或者自然羊毛在帆布或者其他衬底上面交织而成。现代地毯的材料还有尼龙、涤纶、丙纶和腈纶等。市场上主要有两大类地毯：簇绒地毯和机织地毯。簇绒地毯是在一块预备的织物上面增添绒毛，背面用乳胶固定，用专门的簇绒机来编织。用这种方法编织地毯不仅速度快，而且图案丰富。机织地毯是一种正、反两面同时编织的地毯，属于传统的编织方法，耗时较长。又分为阿克明斯特地毯和威尔顿地毯，阿克明斯特地毯由多种图案和色彩组成，威尔顿地毯相对比较平淡或者单色。

无论是选择本色地毯、簇状水平毛圈地毯，还是长绒地毯，它们都能给地面带来非凡的美感。以下的一些建议值得参考：

①不同的色彩给人完全不同的感觉，深色地毯使房间看起来更小。酒红色的地毯感觉温馨，深蓝色的地毯非常正式，深棕色或者深绿色的地毯则有乡村的感觉，特别是与壁炉搭配。如果想让房间显大一些，可尽量选择浅色的地毯。

②带图案花纹的地毯让房间充满活力，而且不显脏。有一种平衡的方法就是：让带几何图案的地毯去配曲线形家具，或者曲线形图案的地毯去配直角家具。

③对于使用频繁的区域，如走道与门厅，选择密纹并带图案的地毯效果更好。

④很多人认为浅褐色是种最保险的颜色，但是在实际中应该谨慎使用。因为褐色是由蓝色、红色和黄色组成，当与红色墙面放在一起的时候，褐色地毯会发出粉红色的光。

⑤ 大理石 ●●●●●●●●

大理石地面的历史已经远到无法追忆的年代。在所有的建筑装饰材料当中，没有几种材料的经久耐用性可以与大理石媲美。那些古代著名的遗址上，只有那些大理石依然屹立不倒。大理石的坚硬特性使它能够承受住极大的重量与磨损。所以它常常被应用到那些使用频率较高的区域，如走廊和门厅。除此以外，人们喜爱大理石还因为它那千变万化的自然纹理和花色，正是它们使大理石成为永恒美的代言。

为了展示其美妙条纹，大理石通常用于客厅。大理石的特点还包括容易清洗（注意不可用酸性清洁剂），大理石的稳定性可以保证其永不褪色。大理石具有天然的渗透性，在安装之后，保持清洁是维持大理石美感的关键。

不渗透的花岗岩和抛光大理石可以考虑用在门厅和浴室，但是在淋浴区应该用不会染色的抛光花岗岩。石灰岩看起来柔和许多，并且吸收性更强，只适合于用在客厅。抵抗力较强的花岗岩最适合于厨房的地面和橱柜台板。

白色的大理石可以与其他颜色的大理石组合搭配出无穷尽的美丽图案，这正是无数的设计师为之着迷的原因之一。

6 塑胶地毡 ●●●●●●●●

如果耐用和耐脏是地面设计的第一考量，那么塑胶地毡就是第一选择。塑胶地毡被证实是所有地面材料当中抵抗太阳紫外线、潮湿和污渍的冠军，它便宜、耐用，维护简便。塑胶地毡的花色繁多，铺贴轻而易举。大多数的塑胶地毡都能将瓷砖或者石材地面的视觉效果模仿得惟妙惟肖，有时甚至可以以假乱真，但是价格和品质则完全是两回事。

塑胶地毡的材料基本上是聚氯乙烯，俗称PVC，这是一种与油地毡类似的复合材料。由于其耐用性，被广泛用于商业空间，如办公室或者购物中心，以及居住空间，如厨房与浴室。塑胶地毡分为两大类：印制塑胶和镶嵌塑胶。印制塑胶是在地毡表面粘上一层印有图案的薄塑胶片，造价低廉，但不够耐用，只适合于使用率较低的区域。镶嵌塑胶的塑胶片比印制塑胶更厚，适合于使用率较高的区域，因此也贵些。两类均有卷材和片材两种形式。

塑胶地毡的缺陷包括无法重新打磨抛光，当表面光泽磨损之后会显得暗淡无光。它低廉的价格优势只可能短期有利，而且既不耐高温也不耐低温。

地面材料选择小贴士

（1）质量越好的地面材料，使用的寿命越长。

（2）选择中性色调的地面材料，它将留给我们更大的改变和发挥余地。

（3）适合于地面的色彩包括：天然绿色、褐色、赭色和深红棕色等。

（4）把地面看做第五面墙，将地面材料与家具及其他配饰进行对比，寻找最佳色彩方案。

（5）浅色的地面使得小空间在视觉上显大。

（6）印有单色小图案的地面材料既适合于小空间，也适合于大空间。

（7）印有醒目深色大图案的地面材料则只适合于大空间。

（8）应用同材质中性色调的地面材料，能够轻易地将各个空间连成一体。

　　仿古瓷砖的灵魂来自于千变万化、活泼灵动的拼贴图案，这里提供最基本，也是最常用的拼贴图案，通过掌握它们，可以变化出更加丰富多彩的拼贴图案来。

平铺图案 ●●●●●●●

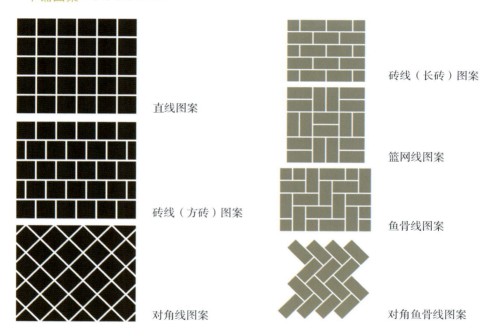

直线图案

砖线（方砖）图案

对角线图案

砖线（长砖）图案

篮网线图案

鱼骨线图案

对角鱼骨线图案

过渡图案 ●●●●●●●

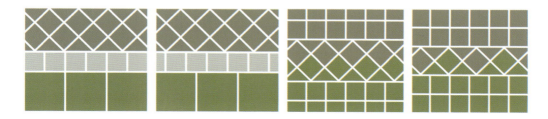

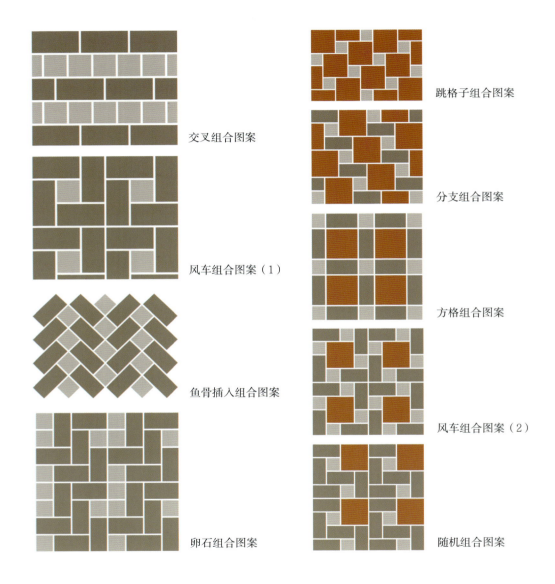

交叉组合图案

风车组合图案（1）

鱼骨插入组合图案

卵石组合图案

跳格子组合图案

分支组合图案

方格组合图案

风车组合图案（2）

随机组合图案

斜坡顶棚、拱形顶棚、扣盘顶棚、吊顶顶棚、格子顶棚、木梁顶棚

Cathedral Ceiling, Vaulted Ceiling
Tray Ceiling, Suspended Ceiling
Coffered Ceiling, Beamed Ceiling

① 斜坡顶棚 ● ● ● ● ● ● ●

　　斜坡顶棚像教堂一般，首先从墙体上升，然后由斜坡在屋脊处相交。这种顶棚极大地增加了空间感，特别适合于起居和用餐空间。注意热气上升的原理，所以带斜坡顶棚的房间将会付出更高的制热费用。

② 拱形顶棚 ● ● ● ● ● ● ●

　　开敞、高耸的拱形顶棚，也有人把它称做斜坡顶棚。拱形顶棚的形状包括拱形、半球形（穹顶）和桶形（向上的圆弧像个木桶的一半）。拱形顶棚的效果与成本成正比，它有着与斜坡顶棚同样的能源浪费问题。除此以外，拱形顶棚丰富独特

①～② 斜坡顶棚
③ 拱形顶棚

①

②

的空间形态，宽敞、明亮的空间特征仍然让人们对它无法割舍。

拱形顶棚能够让小空间变得高大起来。它特别适合于餐厅和客厅，深色的木梁会吸引所有人的目光。升起的拱形顶棚部分常常会漆成比墙面更深的颜色，这样空间不会显得过于空旷。

③ 扣盘顶棚 ●●●●●●○○

扣盘顶棚的形状如同一只倒扣的盘子，有一圈沿着墙体的水平吊顶与中间升起部分用45°的斜面连接，这个升起部分其实就是原有顶棚。扣盘顶棚能够增加空间的立体感和有趣的建筑特征，能够加强室内的通风效果，并且让保温值最大化，它还可以让低矮的顶棚看上去更高些。

扣盘顶棚是传统与现代的完美结合，人们常常会把上升的扣盘顶棚漆成更浅的颜色或者不同的颜色，或者与中心装饰物和枝形吊灯一起共同营造出一个富有魅力的顶棚。扣盘顶棚适合于卧室、客厅和餐厅，你还可以添加装饰

③

线条让它更加华丽。如果你把卧室的扣盘顶棚漆成与床品或者斗柜一致的颜色，将会有意想不到的和谐效果。

④ 吊顶顶棚 ●●●●●●○○

吊顶顶棚既可以是凸出的，也可以是凹入的；可以按照意愿装饰成精致的、迷人的、华丽的，也可以是平淡无奇的。照明是吊顶顶棚的一大特征，凹入式吊顶顶棚常常被用于餐厅、门厅和客厅等区域。吊顶顶棚的目的在于打破原有平顶顶棚的单调，利用层高的变化来达到某种装饰效果。在视觉效果上，不同层高的吊顶使得低矮的层高变得高大了许多。

凸出式吊顶多半是为了制造某种视觉焦点，例如悬吊抽油烟机，或者是炊具吊架。所

④ ⑤

以，它常常被用于厨房来增加趣味和空间感。
无论是凸出式还是凹入式吊顶顶棚，通常都会
用装饰线条围绕它们。常见的吊顶顶棚平面形
状为矩形和八角形，有时候为了强调吊顶顶
棚，人们会把吊顶部分与原有顶棚部分漆成不
同的颜色。

⑤ 格子顶棚 ● ● ● ● ● ● ● ●

　　格子顶棚是由木梁交叉所形成的方形、
长方形和八角形向上凹陷的平顶或者拱顶，也
被称做藻井或者花格平顶。早在古罗马时期，
万神殿就采用了藻井来减轻巨大穹顶的重量，
最早的木梁交叉形成的藻井出现在文艺复兴早
期的法国卢瓦尔河谷。人们推测早期的藻井是
为了解决盖瓦或者铺嵌问题，是文艺复兴时期
的建筑特征之一。

⑥

⑦

① 扣盘顶棚　② 扣盘顶棚与吊顶顶棚的叠加　③ 定制扣盘顶
棚　④ 双层吊顶顶棚　⑤ 吊顶顶棚　⑥~⑦ 格子顶棚

木梁顶棚

由木梁形成的交叉格子平顶让空间更富有艺术气质，让人赞叹不已。它使平顶棚看上去向上升起，是解决减少顶棚体量的传统方法之一；它还能够减少噪音和回声的影响。深格子木梁可以让高顶棚降低高度，增加亲近感；浅格子木梁可以使矮顶棚显得高大。两种木梁都可以大大增加房屋的价值。格子顶棚本身也可以从繁（维多利亚风格）到简（英国田园风格），以适应不同的装饰风格，并且应该与房间其他的木作取得一致。

6 木梁顶棚 ● ● ● ● ● ● ●

早期木结构房屋的木梁顶棚是承重梁和楼板均暴露在楼下顶棚之上的结果，现代的木梁顶棚不过是为了模仿和再现原始木梁结构带给人们的那份亲切感。木梁顶棚比较适合于随意气质的室内装饰，如田园或者乡村风格。外露的木梁给空间增添了更多的温暖与舒适，并无损于空间的豪华感。格子顶棚往往与木梁顶棚出现在同一个房屋内，并且可能交替使用。为了符合木结构的合理性，木梁之间的间距需要仔细推敲，因为太窄或者太宽的间距都会让木梁看上去不真实。

比木梁顶棚更进一步的装饰工程是木顶棚，它是由木梁加上木镶板组成，镶板墙裙的做法常常会在这里用到；木镶板是由木夹板固定于原有顶棚之上并擦色、油漆。这是一种极富魅力的传统顶棚装饰手法，曾经在维多利亚时期非常盛行，并一直流传至今。无论是格子顶棚还是木梁顶棚都可以在梁的底部和顶部增添丰富的装饰线条，提高其优雅的装饰性。

楼梯、栏杆、扶手

Staircase
Baluster
Handrail

❶ 楼梯 ●●●●●●●●

　　楼梯的基本功能是让人们能够在不同的地面标高安全地上下活动。除此以外，我们还需要确定它们的材料、位置与规格等；楼梯的式样还是室内装饰设计的重要元素，恰当的楼梯设计可起到锦上添花的作用，反之则可能毁掉整个设计。

　　楼梯空间的大小和形状基本决定着楼梯的式样。直线形楼梯最简便、最经济；然而，有休息平台的"L"形楼梯和"U"形楼梯使得楼梯的上下更为安全和轻松，使得这两款楼梯式样在条件许可的情况下成为首选。弧形楼梯占据的空间最小，但是也最难上下。

　　楼梯的式样有直线形、弧线形、螺旋形等；楼梯的装饰有简单的和复杂的；楼梯的风格有现代的和古典的；楼梯的材料有木材、金属和钢筋水泥之分；楼梯的特点有宽、窄、缓、陡之别。一般来说，越宽的楼梯越易上下，占地越大的楼梯越有亲切感。

　　传统弧形楼梯——其优美、高贵与典雅的弧形线条与其他丰富的装饰曲线遥相呼应，成为古典风格室内装饰的点睛之笔。

　　现代弧形楼梯——具有简洁、流畅的线条和轻松、自如的形状，它的结构计算与安全系数比直线形楼梯要复杂得多。

① 传统弧形楼梯　② 现代弧形楼梯　③ 现代单梁楼梯

传统楼梯——传统木楼梯离不开精细的各个组成部分和细节，它们常常用于维多利亚风格、乔治风格、爱德华风格、装饰艺术风格和工艺美术风格等。

当代楼梯——线条简洁、干净，寻求独一无二的造型，材料选择范围比现代楼梯更为广阔。

悬挑楼梯——又称做漂浮楼梯，因为它的承重结构隐藏于墙壁内而让人感觉轻盈、通透，富有现代艺术的灵动性。

单梁楼梯——其开敞式的楼梯踏板由一根中心直线梁承托起来，踏板可采用实木板或者钢化玻璃，栏杆采用不锈钢竖杆。或者不锈钢丝与中柱固定，透明玻璃或者磨砂玻璃栏板通过夹钳与不锈钢支柱固定。

一般家庭楼梯的式样有以下五种：

直线形楼梯——最易建造，成本较低，舒适度和灵活性均较差。

"L"形楼梯——直线形楼梯在休息平台处以90°转弯，舒适度大增。

"U"形楼梯——占地较小，灵活性大，适合于较小的空间。

弧形楼梯——灵活性大，独立性也较强，适合于较大的空间。

盘旋形楼梯/螺旋形楼梯——占地空间最小，上下极不方便，也不太安全。

楼梯地面主要考虑其耐磨性，因为每天它都要承受住上下楼梯时的不停踏步和摩擦。可考虑的材料包括瓷砖、玻化砖、大理石饰面砖、实木地板等。

①

②

③

④

⑤

① 现代旋转楼梯　② 现代悬挑楼梯　③ 现代直线形楼梯　④ 转折L形楼梯
⑤ 折叠U形楼梯　⑥ 楼梯木栏杆　⑦ 楼梯铁艺栏杆

⑥

⑦

② 栏杆 ●●●●●●●●

一件雕刻精美的木质楼梯给人的感觉就好像在欣赏一件传世的艺术品。我们更多的是将眼光停留在一根根庄严、高贵的中柱（楼梯上、下端的栏杆支柱）和一支支优美、典雅的栏杆柱，以及优雅地弯曲着的扶手上面。它们是那么和谐地组合在一起，就好似一首动听的曲子，保持着完美的节奏和韵律。

中柱和栏杆柱都是有着悠久历史的楼梯装饰物，楼梯的式样随着时代的进步而不断地演变。殖民时期的楼梯曾经谦卑地躲在门或者墙的后面，以前的楼梯也比较陡峭和狭窄，它们常常被安装在很不显眼的地方。当楼梯一步步走出来，大方地展示自己的魅力的时候，人们需要用漂亮的中柱、栏杆柱、楼梯支架和其他的装饰木作来美化楼梯。大约在殖民和乔治后期，楼梯开始被放在门厅的位置。这就自然地引导着人们更多地去关注楼梯的建筑装饰。

几个世纪以来，楼梯的栏杆柱一直都是踏入家门后给人深刻印象的第一件装饰构件，精心雕刻、打磨和上漆的中柱以及栏杆柱本身就代表着一种高贵的品质。木质的中柱和栏杆柱通常使用枫木、樱桃木和白橡木等。中柱是楼梯中间的主要部件，楼梯从中柱起步，并且在每个转角处都会看到中柱。主柱的顶部饰物称做尖顶饰，它是整个楼梯的视觉焦点。

③ 扶手 ●●●●●●●●

楼梯栏杆由中柱、栏杆柱和扶手组成，中柱是扶手的主要支撑件，栏杆柱则是扶手的次要支撑件，也作为楼梯的安全挡板。大部分的扶手都是由实木做成。楼梯扶手分为两大类：柱上扶手和柱间扶手。柱上扶手是指扶手安装在所有的中柱和栏杆柱的上方；柱间扶手则指在中柱的上端加装柱头，使扶手安装在中柱之间和栏杆柱之上，这样的楼梯扶手看起来更有韵律感。对柱间扶手来说，其转弯处会产生曲线型弯头和斜接型弯头两种情况，这样的扶手更富装饰感。在靠墙壁处，中柱必须最后与墙平齐靠紧来结束楼梯栏杆。

6.6

门套、窗套

Door Trim
Window Trim

1 门套 ●●●●●●●

　　门套是围绕门洞所包裹的一圈（三条边）装饰线条，它使房间的装饰趋于完整。门套有助于阻挡门缝漏风。门套线条可以非常简单实用，也可以特别复杂烦琐，与窗套、挡椅线、顶角线和踢脚线等装饰线条一起与整体装饰风格保持一致。事实上，在做室内装饰设计的时候，它们应该整体考虑。

　　通常入户大门和主要房门的门套线会比其他次要房门的门套线复杂或者粗大一些。门套线和窗套线在家庭室内装饰工程中扮演着非常重要的角色，它们就像画框一样让画框里面的景色更加生动、迷人。门套线在给房间增添个性方面比窗套线更重要。对新古典装饰风格来说，门套线与窗套线通常会采用更有吸引力的门头装饰。山形墙门头装饰常常出现在乔治风格、殖民风格和维多利亚风格的室内装饰中。在欧洲

门套线

门套式样（1）

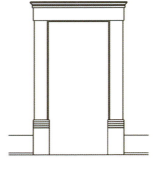

门套式样（2）

门套式样（3）

古典建筑当中常见的柱上楣构也会出现在带门头饰带的门套线装饰中。

对于随意的乡村装饰风格，用简单的松木板做门套线就足够了。但是大多数人不会满足于过于简单的门套线条，市场上有很多种门套线条可供选择。门套线条的材质通常用实木或者表面薄木皮饰面的中密度纤维板（MDF），如果是拱形的门洞，还需要用石膏成型。

门套线在与地面接触处平切，在上方水平与垂直线条连接处通常用斜接，或者齐切与圆形饰物或者蔷薇形饰物在转角处收口。门套线与地面接触处常常需要一个基座木块与上面的饰物呼应，同时也轻松过渡门套线与踢脚线。

② 窗套 ●●●●●●●●

窗套装饰线条的作用与门套线条是一样的。它能够使窗户更有特点，同时与整体装饰融为一体。最简单的窗套线条只是一片薄薄的松木板。装饰性的窗套线条有很多种轮廓线，并且有更多的压花图案。窗套线条在与窗台接触处平切，感觉窗台像是上部窗套线条的托板。在上方水平与垂直线条连接处通常用斜接，或者齐切与方形饰物（或者蔷薇形饰物）在转角处收口。在大多数情况下，一根装饰线条就可以解决问题，但是特别正式或者繁复的装饰风格，则会用到两根以上的装饰线条。

由于窗台直接暴露在阳光下，受自然气候的影响比较大，因此必须谨慎挑选窗台的材料。窗台的材料通常有木材、花岗岩、大理石、PVC、深色石灰石和石板等。窗台不仅是窗套装饰线条的组成部分，也

① 窗套
②～③ 带山形墙的封套

自然形成了一个窗口搁板，可以在上面摆放一点饰品来点缀和美化它。如果选用木质窗台，那么需要常规的维护与保养，例如油漆和密封，甚至更换等。如果窗台材质是石材，那么可以一劳永逸。

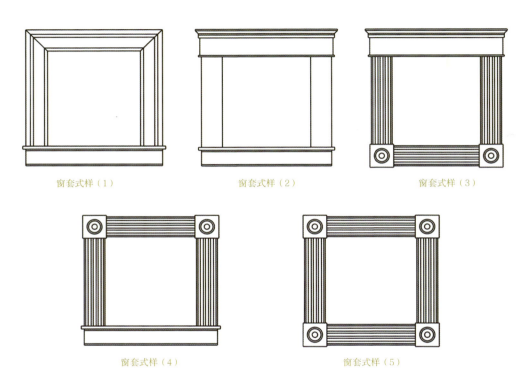

窗套式样（1）　　　　　　　窗套式样（2）　　　　　　　窗套式样（3）

窗套式样（4）　　　　　　　窗套式样（5）

1 墙裙 ●●●●●●●●

墙裙，又称护墙板，最早出现于17世纪的英国，后被英国殖民者带入到其殖民风格的家居装饰当中。墙裙的最初目的是为了保护室内墙体的下部免受潮湿的侵蚀。虽然今天的墙裙已经失去了其原始的防潮作用，但是它已经成为家庭装饰工程当中非常流行的装饰形式，被大量应用于餐厅、客厅、卧室、厨房、家庭厅和过道（走廊）等空间当中，甚至还包括门厅、浴室和楼梯间。墙裙通常是由墙板、装饰线条、踢脚线和挡椅线或者墙裙顶线所组成。

浴室的墙裙通常漆成白色，给人以整洁、干净和温馨的印象。白色墙裙也能与任何色调搭配使用。浴室的墙裙一般离地面约1/3的高度，顶部只需要一条纤薄的装饰线条收口。上面的墙面可以漆成可爱的黄色或者明亮的海蓝色。如果你真的对海岸和农舍感兴趣，可以将整片墙用白色的镶板墙裙覆盖起来，然后在上面装上挂钩和搁板，点缀一两只晒干的海星。

墙裙会使客厅看起来非常正式。餐厅的墙裙大约是层高的1/3高度，通常正式的餐厅墙裙会漆成栗色，配上深红色的墙漆。如果把墙裙漆成白色则散发出一股乡村/田园的气息，它需要占整个墙面的2/3高度；同时把墙面漆成浅蓝灰色，顶棚饰以线条丰富的顶角线，其间点缀一些乡村艺术品，一幅充满田园情调的画面就出现在眼前。

古典风格室内装饰中常用到以下五种墙裙式样：

原有墙面

墙板墙裙　　平板墙裙　　镶板墙裙　　凸镶板墙裙　　镶框墙裙

凸镶板墙裙——常见于比较正式的居住空间，如客厅和书房等。它特别适合于殖民风格、安妮女王风格、乔治风格、联邦风格和板房风格的室内装饰。凸镶板墙裙是由上下横线和斜角边凸镶板与竖侧板拼接而成。

平板墙裙——相对非正式一些，常见于厨房和家庭厅等。主要用于20世纪的美国传教士风格、谢克尔风格、工匠风格和草原风格的室内装饰。平板墙裙与凸镶板墙裙的最大区别在于平板墙裙完全以平接口拼缝。

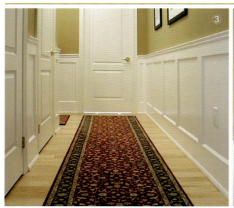

镶板墙裙——曾经是传统新英格兰住宅和带有浓郁田园气息的海滨小木屋的标志之一。镶板墙裙是由竖长条木板通过凹槽等距地衔接起来。它制作简单，视觉效果突出，至今仍然被广泛应用。

镶板墙裙是一种由橡木、枫木、杉木或者松木板镶嵌拼装而成的护墙板。过去是用来装饰田园/农舍风格的家居空间，现在已经广泛地用于各种不同的装饰风格当中。它可以用擦色或者油漆处理表面。镶板墙裙距离地面在85~120厘米之间，顶部由装饰线条收口结束。镶板墙裙有两种拼接方法：其一，单块榫槽结合；其二，整块（1.2~2.4米宽）表面做仿榫槽开缝。镶板既可以用于墙面的装饰，也常用于顶棚、家具和橱柜的装饰。镶板墙裙主要用于厨房橱柜的正面和侧面之上，你甚至可以把它当作橱柜的后挡板，同时把它们漆成与橱柜对比的颜色，例如白色的橱柜配上红色的后挡板。

墙板墙裙——其实是利用了原有墙面作为背板，只在墙面增加了上下横线和竖侧板。它制作简单，造价低廉，然而效果明显，非常适合用做弧形或者异形的楼梯饰板。

镶框墙裙——又称相框墙裙，因为它看起来就像是一幅幅空白相框镶嵌在墙壁上。在殖民时期乔治风格的室内装饰当中，这些相框的位置通常在挡椅线的上方，并且比顶棚低25~30厘米。相框线条本身的宽度为

①~② 凸镶板墙裙　③ 平板墙裙与凸镶板木门
④ 平板墙裙　⑤~⑥ 镶板墙裙　⑦ 楼梯间的镶板墙裙　⑧~⑨ 墙板墙裙

25~75毫米。镶框墙裙极大地增强了墙壁的视觉效果，同时也丰富了装饰的细节。镶框墙裙的产生是由于抹灰泥墙壁开始代替木板墙壁之后，大片空白的墙面提供了装饰的空间，使得对比色彩的搭配广为流行，同时也强化了房间的空间感。

　　镶框墙裙背景的墙漆或者壁纸具有更强烈的表现力。你可以用镶框墙裙作为护墙板，或者将镶框墙裙与镶框护角组合成一个完美的墙裙设计。镶框可以装在挡椅线的下面或者上、下两层，上、下两层的宽度和间距都必须保持一致。如果镶框线条与四周墙面漆成同样的颜色，装饰线条与墙面融为一体，可以使墙面产生阴影、肌理和雕塑感。如果镶框线条与四周墙面色彩漆成对比（通常镶框线条漆成白色），它将从深度和尺度两方面产生强烈的立体效果，这种墙面的装饰手法常见于楼梯间和门厅。

❷ 楼梯饰板 ●●●●●●●●

　　楼梯饰板是墙裙在楼梯间的延续，楼梯饰板既起到保护楼梯间墙面的作用，又是楼梯间的装饰部分，同时在视觉上与栏杆取得平衡。与水平向的墙裙不同，楼梯饰板是顺着楼梯间的形状和楼梯的斜度而变化着，所以有的墙裙式样不适合用于楼梯饰板，如凸镶板墙裙。由于楼梯间的复杂性，楼梯饰板的形状也会比直线墙裙更复杂，在转弯和高度变化的地方需要增加特殊的构件和线条才能够使楼梯饰板上下连贯，一气呵成。

① 直线楼梯饰板
② 镶框墙裙与楼梯饰板

顶角线、踢脚线、挡椅线、檐口线、横楣线、挂镜线

Crown molding, Baseboard
Chair rail, Cornice molding
Frieze molding, Picture rail

装饰艺术中有许多装饰墙面的传统方式：挡椅线、挂镜线和横楣线均为水平向的装饰线条，虽然它们没有顶角线和踢脚线的应用那么广泛，但是它们非常适合于古典装饰风格的室内装饰，例如新古典风格，它们都有着有趣的存在缘由和作用。

1 顶角线 ●●●●●●○○

顶角线是最为普通的檐口装饰线条，最普通的顶角线是由单片的线条倾斜安装。顶角线有各种不同的轮廓线，从而大大丰富了室内的装饰效果。顶角线，顾名思义，它是墙体、柜体和嵌入式家具的顶部装饰线条，同时也可以用来装饰壁架、搁板的顶部。一间普通的房间会因顶角线而变得更有特点。有些复杂的顶角线是由多个简单的顶角线组合而成，顶角线的复杂程度应该与房间的层高成正比。顶角线也常常与其他的线条组合来装饰壁炉架或者搁板。

凹弧顶角线与冠状顶角线非常近似，不同的是，凹弧顶角线有一个向内弯曲的弧形侧面，而冠状顶角线则是一个向外凸出的弧形侧面。凹弧顶角线消除了顶棚线，并且产生了一个弧形的过渡。一般来说，门厅、客厅和主人卧室需要更丰富的装饰顶角线，而厨房和其他功能性的房间只需要简单的顶角线。今天的顶角线尺寸已经越来越缩小，但是仍然能够看出其希腊—罗马式的原型。

2 踢脚线 ●●●●●○○○

踢脚线是用来保护墙脚和遮掩墙—地接缝的装饰线

① 顶角线
② 踢脚线

条。踢脚线是地板线的加高侧面，它可以根据各种不同的装饰风格而做成复杂或者简单的式样。鞋线是踢脚线下部前面的装饰线条，它既可以隐藏踢脚线与地面之间的缝隙，也可以使踢脚线看起来更加完整。在挡椅线与踢脚线之间的墙壁被称做墙裙。为了使踢脚线与壁炉架的材质相近，其余的装饰线条仍然漆成白色或者米白色。无论如何，经典的白色是最不容易出错的颜色，也是被应用最多的颜色。因为白色与任何色度的色彩搭配都能起到柔和的作用，并且在视觉上更为舒适，也更加整洁、干净。如果将室内的装饰线条都漆成深色，那么所有的注意力都将集中在它们身上。

③ 挡椅线 ●●●●●●●

挡椅线的目的在于保护墙壁不被椅背碰撞和磨损，挡椅线因此而得名。挡椅线水平地将墙壁一分为二，离地面大约90厘米高。挡椅线通常有一个突出的半圆形加上处理成斜边的背板与墙壁固定，围绕整个房间一周。为了使房间的装饰效果达到最佳，挡椅线应该与门套、窗套和壁炉架的装饰线条保持一致。装饰性的挡椅线经常与护墙板或者墙裙配合使用，成为护墙板或者墙裙的顶部收口线条，为房间的墙壁增添更多的细节和魅力。

④ 檐口线 ●●●●●●●

檐口线是指墙体与顶棚相交处的装饰线条，一种装饰性过渡，哪怕是最简单的檐口线也会使房间变得不同凡响。檐口线特别适合于层高较高的房间，单线条称之为檐口线，多线条组合的檐口线称之为多层檐口线。越是复杂的多层檐口线，越能够体现出富丽堂皇的效果。顶角线与檐口线用于美化墙—顶连接线已经有好几个世纪的历史，人们对它们的喜爱程度从来就没有丝毫的减弱。

① 挡椅线 ② 檐口线 ③ 顶角线、横楣线与挂镜线 ④ 挂镜线

5 横楣线 ●●●●●●○○

横楣线是条宽饰带，在顶角线或者檐口线的下面保持平行。通常横楣线安装在顶棚的下面1/3至1/2处。横楣线常常有一个较平的顶面和一个装饰性的浮雕在前面。所以，横楣线适合于新古典或者其他以装饰为主的装饰风格。当横楣线沿房间的墙壁绕行一周以后，立刻给房间带来一种耳目一新的装饰效果。当顶棚较高的时候，最好把横楣线与顶角线漆成同样的颜色，它们能够在视觉上将顶棚的高度降低，如此一来，房间看上去更加舒适、温馨。

横楣线的式样和形状多样，个性十足，带给房间尊严与高贵感。它必须与周围的装饰风格融为一体，方能彰显出其独特的魅力。

6 挂镜线 ●●●●●●○○

挂镜线基本就是一条升高的挡椅线，位置大约在顶棚与墙面的交界线之下。传统的挂镜线是为了方便悬挂油画和镜框而专门设置的装饰线条，不过它的应用范围比其他的装饰线条少很多。挂镜线是用加工木条直接固定在墙面，它的承重能力大过没有挂镜线的挂钩，所以更适合较重的画作或者镜框。挂镜线的高度应该视具体层高和挂画要求而定。今天的现代或者当代装饰风格中仍然会用到挂镜线，如在儿童房悬挂儿童画作。

挂镜线的视觉效果突出，常见于古典风格的室内装饰。通常在挂镜线以上墙面漆成与顶棚同样的浅色调，挂镜线以下墙面则漆成较深的中性色调或者贴壁纸。如果挂镜线以下选择壁纸，挂镜线以上的色调可以来自于壁纸中的某一色彩，整体色调会在视觉上达到高度统一。注意浅色的顶棚使低矮的顶棚有上升的趋势，而深色的顶棚有助于降低高顶棚的高度。

梁托、岛柜支柱、山形墙、壁柱、柱头、壁龛

Corbel, Island Leg
Pediment, Pilaster, Capital
Niche

1 梁托 ●●●●●●○○

梁托源自于古典建筑构件，是一块承托横在其上的质量的承重物件。随着时间的推移，梁托的饰物已经由人物或者动物等形象逐步演化为树叶和几何螺旋形。梁托常见于壁柱的顶端承托横梁部位；也常见于承托窗台，或者悬伸的台板等。除此之外，我们还可以在壁炉架、搁板、岛柜和吧台等处见到它们成行地排列着。对于悬挑的台面，梁托的深度至少应该在挑出尺寸的一半以上。而对于壁炉架和搁板，梁托的深度则至少应该超过伸出尺寸的70%。

2 岛柜支柱 ●●●●●●●○

手工雕刻的岛柜支柱是不可代替的精美木雕。它能够带给厨房一种独有的魅力，同时满足装饰与功能的双重要求。对于悬挑较深的岛柜台板，选择较宽的支柱更加适合，也更为安全。岛柜支柱梁托给厨房的整体美观锦上添花。

① 梁托
② 梁托与岛柜支柱的组合
③~⑤ 岛柜支柱
⑥ 梁托

③ 山形墙 ●●●●●●●

　　山形墙又称做三角楣饰，源自于古希腊的一种三角形建筑装饰构件，被广泛应用于建筑外立面的门和窗的上方。山形墙需要由两根支柱支撑在两旁。在古典风格室内装饰中，它通常出现在门、窗、柜顶和门道的上方。除了三角形状之外，有一种带斜挑檐的拱形或者半圆形状山形墙，它们都可以在顶部打断，让装饰雕刻突出于檐板，或者是完全无檐板地断开。另外还有一种带涡卷形或者鹅颈形状的山形墙也很常见。山形墙完全按照古典对称美的原则而设计和制作，与整体建筑特征融为一体。

　　在传统装饰元素中有一种被单独应用，并且类似于山形墙的三角墙饰。它通常装饰在油画、镜框、拱道、门道、床头和壁炉的正上方墙面之上，使室内装饰线条更为丰富，是一种经济而有效的传统装饰手法。在地中海风格的室内装饰中，三角墙饰通常用锻铁制作。这种缩小版的三角墙饰也在古典家具中常见，例如床头板。

①②③

④ 壁柱 ●●●●●●●

　　壁柱的设计灵感来自于古典建筑的柱式，它是一根突出于墙面的半柱式，由柱基、柱头和柱身三部分组成。壁柱与柱上楣构一起出现，常常应用在壁炉架、门或者窗的两侧，或者是嵌入式柜体的装饰线条。壁柱强劲有力的垂直线条使空间显得更加高耸、挺拔，并且增添了建筑细节的层次感，给人强烈的视觉冲击力。与立柱相比，壁柱的占地较少，更为谦卑、退让，无压迫感。

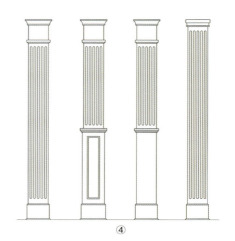

④

如果将壁柱应用于门道的两旁，承托上面的山形墙，则显示出无比尊贵和典雅的气质。壁柱常常带有装饰性的柱头，但是无顶盖。它也常常用来"支撑"搁板、壁架、顶棚线脚或者任何水平向的装饰构件。具体设计壁柱的时候必须注意其柱基、柱头和柱身之间的比例关系，因为古典美感正是来自于合适的比例。

5 柱头 ●●●●●●●●

多少世纪以来柱头一直被广泛地应用于所有的立柱和壁柱的顶部装饰。人们视被装饰的柱子如同自己站立着去承受压力，如同大树一般经由树皮去感受其精神。在古希腊的文化里，人们的情感也是通过装饰在柱子上的动物或者植物来表达。因此，柱子与柱头的式样分别对应着不同建筑的大小、形状和功能。柱头并不总是放在不同的空间，它也被放在空间之间的空间，并因此而产生连贯的节奏。为了给自己的住宅增添精细的细节，人们把它们应用到入口和主要空间。

今天，我们仍然用这种古老的建筑语言与他人进行思想上的交流，从而达到一种崇高的精神境界。当我们凝视着这些精美的柱头之时，我们仍然能够清晰地感受到其澎湃的力量与庆功的喜悦。从最经典的爱奥尼亚柱头，到科林斯柱头，再到后面发展出的更多柱头，它们都真实地反映了古希腊和古罗马时期辉煌的建筑艺术。

①～③ 山形墙
④ 带凹槽的方形壁柱造型
⑤ 由壁柱支撑的山形墙
⑥～⑧ 壁柱、柱头与横楣
⑨ 柱头

6 壁龛 ●●●●●●●●

　　壁龛的作用相当于油画的画框，是用来衬托壁
龛内所展示的雕塑或者花艺的一种传统装饰构件。
壁龛可以给墙面带来深度，同时也带来古典的特
征。无论是大型的嵌入式壁龛，还是小型的壁挂式
壁龛，它们都适合于装饰在门厅、走廊和楼梯平台
等具有迎宾功能的室内空间，以及大面积的空白墙
面。壁龛的复杂程度视整体装饰风格而定。

　　壁龛能够使一面普通的墙面立刻转变为独具魅
力的风景线。早在哥特时期，壁龛就被广泛地应用
于展示半身雕像、陶罐或者花瓶，人们喜欢通过壁
龛将自己的经历与故事与他人分享。壁龛的数量和
大小应该视墙面的尺寸而定。在类似于门厅的空间，出现一对壁龛会让人倍感亲切。

　　对于小而浅的壁龛，并不需要专门的照明；但是对于大而深的壁龛，则需要在壁龛的
顶部中央安装一盏低压筒灯，或者在稍远的顶棚安装射灯打向壁龛。

①壁龛与落地壁龛
②～④落地壁龛

圆屋顶、徽章浮雕、圆环浮雕、装饰花结、装饰浮雕

Ceiling Dome, Ceiling Medallion Ceiling Rim, Rosette, Onlay

①　圆屋顶 ●●●●●●●

也称做穹顶，一种预制的装饰构件。一个简单的圆屋顶能够让平淡的顶棚立刻充满艺术感，它适合用于门厅、门廊、豪华的客厅和餐厅等。在新古典装饰风格中常常见到圆屋顶的踪影，它可以作为餐厅顶棚的视觉焦点，或者其他重要空间的中心装饰构件。圆屋顶可以与一盏精致的枝形吊灯组合，吸引观者的目光。圆屋顶比较容易安装在上面没有楼板的顶棚上，并且有一圈圆环浮雕装饰在与顶棚交接处。圆屋顶的内壁可以光滑简洁，也可以丰富多样，其复杂的程度依据具体的装饰风格而定。

②　徽章浮雕 ●●●●●●●

一种像是放大徽章的装饰构件，用在枝形吊灯与顶棚之间的优雅过渡，使枝形吊灯更加迷

① 圆屋顶
②～④ 徽章浮雕

人。从18世纪早期到20世纪初期，徽章浮雕只属于达官贵人的家庭装饰专享，如今它已经成为古典风格室内装饰的重要标志之一。徽章浮雕通常用泡沫塑料或者聚乙烯制作，一旦安装完毕，无须担心它的维护。徽章浮雕的装饰作用可以与家具媲美，它与其他装饰构件一道带给人们视觉上的享受，可以大大提高房屋的价值，这就是我们在古典房屋中常常感受到的那份典雅。精致而又复杂的徽章浮雕特别受到维多利亚风格的青睐。与圆屋顶的装饰作用类似，徽章浮雕也作为枝形吊灯的配角出现在顶棚，也有设计师将它装饰在墙面上。注意所有装饰构件的颜色都应该与整体色调一致，它们的大小应该与枝形吊灯或者吊扇的尺寸成正比。

①

❸ 圆环浮雕 ●●●●●●●●

　　圆环浮雕常常作为其他装饰构件的配角出现，例如与圆屋顶或者徽章浮雕的配合等。不过圆环浮雕也可以单独应用，中央通常是一盏吸顶灯。作为一种常见的传统顶棚装饰构件，圆环浮雕为古典装饰风格增添了更多的优雅与华丽。

❹ 装饰花结 ●●●●●●●●

　　木质的装饰花结（又称玫瑰花结）是柜类、家具和墙壁的传统装饰物，它能够加强柜子和墙壁的细节深度和纹理效果。装饰花结通常由手工精心雕刻而成，从正面构图来看，往往有一个中心点，然后呈放射状展开，展开物一般为萼片、树叶，或者贝壳纹等。装饰花结一般用于装饰壁炉架的正表面、相框、家具、门表面和山形墙，或者任何木制作的表面，它几乎适用于任何无装饰的正方形或者是矩形表面。

②

③

④ ⑤ ⑥

① 装饰花结
② 格子顶棚里的圆环浮雕
③ 门套用到的装饰花结
④ ～ ⑥ 装饰浮雕

⑤ 装饰浮雕 ●●●●●●○○

　　木质的装饰浮雕是装饰性箱子、表面平淡的家具、普通的镜子和画框的最佳工艺修饰物，它是以装饰性家居风格为特点的点缀之物。装饰浮雕可以用于壁炉架和山形墙之上，使其更美观。如果将装饰浮雕用于壁柱和墙壁镶板上，将大大提高室内空间的个性特征。装饰浮雕可以美化和丰富室内几乎任何装饰工程的表面，包括门和顶棚；如果与徽章浮雕或者圆环浮雕配合使用，将创造出一个令人印象深刻的顶棚效果。

装饰图案的语言

Pattern Language

建筑装饰构件和浮雕装饰工程的历史可以追溯到古希腊和古罗马时期，它们包括各种装饰线条、百叶窗、装饰木雕、阳台栏杆、山形墙、壁柱、室外壁架、门套、圆屋顶、徽章浮雕、线条与护角、壁炉架、壁龛、墙饰、墙裙、中柱与栏杆柱、木雕线条、装饰梁托、楼梯饰板和柱式等。其装饰图案一直以花卉和树叶为主题——带月桂树叶的花环、桉树、叶蓟属植物、棕榈叶和葡萄藤等。深浮雕在光线的照射下所产生的如画一般的阴影可以达到强化视觉效果的目的。

①

在以花卉和树叶为主题之前的装饰图案是以几何图形为主题的，它突出了协调和清晰的建筑形体，同时严谨的几何装饰引导着更宏大的建筑空间。建筑装饰制品是由错综复杂而又紧凑连接的精致细节所组成，如同次主题的各种自然形状——扭曲的茎梗、树叶、花卉和新芽。大多数著名的建筑装饰的目的在于将海浪、贝壳、鱼类、海豚、花环饰带、丰饶之角、徽章、锥形体和花蕾格式化。每一种主题都对应着特定的含义，例如水果和花卉象征着富饶，棕榈叶和月桂树叶代表着荣誉，词语和蛇则体现了智慧。

历经古典主义、文艺复兴、巴洛克风格、洛可可式样和帝政风格，建筑装饰一直都是平衡、协调和欢庆的动力。直至现代主义出现，才彻底地改变了建筑装饰的使命，取而代

②

③

④

⑤

① 带茛苕叶形的壁炉架　② 带茛苕叶形的台灯
③ 带茛苕叶形的梁托　④ 带茛苕叶形的家具
⑤ 带茛苕叶形的石膏顶角线　⑥ 带茛苕叶形的装饰花结
⑦ 带茛苕叶形的铁艺灯具　⑧ 带茛苕叶形的装饰浮雕

⑥

之的是优雅和多变的动态，以及奢侈的非对称。在所有的建筑装饰图案当中，最让人感兴趣和最有活力的形状就是螺旋。它不仅是经典的设计元素和象征符号，还具有人类现代科学的重要形状——DNA。螺旋形可以从自然界许多地方发现其原型，比如贝壳。那种形如捻卷绳子般的螺旋形在古典家具当中的应用非常广泛，因为它也象征着拧成一股绳般的团结精神。我们能够从世界不同地域的古文明当中发现其踪影。

　　螺旋形的叶蓟属植物、橡树树叶和花卉等都来自于大自然。其中的叶蓟属植物在地中海文化中象征着永生，橡树则代表了爱和敬神。在爱尔兰传统里，橡树还被用于预言雨季。所以螺旋形的树叶均蕴涵着某种重要的信息。通过灵活地运用装饰图案，专业设计师能够将一块单调乏味的墙面按照古典美学的原则进行合乎比例的划分，整个空间因此融为一体。

6.12

马桶、洗脸盆、浴缸、龙头

Toilet, Sink
Bathtub, Faucet

通常说的半浴室只包括洗脸盆和马桶，全浴室包括浴缸或者淋浴间、洗脸盆和马桶。浴室的洁具和龙头根据质量、外观、尺寸和价格就可以确定，此外，实用性和舒适性也是两大考虑因素。尽量购买优质的洁具和龙头，它们会让我们无忧无虑地长久使用，充分地享受洗浴的乐趣。

1 马桶 ●●●●●●●●

从外观看，马桶有单体式和分体式两种，分体式比单体式便宜；因为没有水箱与马桶之间的缝隙，单体式比分体式更容易清洁；分体式马桶更适合于古典或者传统装饰风格的浴室。从上往下看，马桶有圆形和长圆形两种。圆形马桶尺寸较短，比较便宜，适合于小面积的浴室；长圆形马桶更适合于成年人使用。

马桶一般有两种冲水方式：直冲式与虹吸式。直冲式马桶冲力大，排污力强，用水量少，冲水噪音较大；虹吸式马桶冲力较小，排污力强，用水量较大，冲水噪音小。

2 洗脸盆 ●●●●●●●●

洗脸盆基本有三种：台上盆、立柱盆和台下盆。台上盆安装简便，式样新颖，节约洗漱台下面的储藏空间，但是清洗不方便；立柱盆的款式多样，让浴室的空间看起来更大，非常适合小面积的浴室，但是它的盆下没有储藏空间，需要另外增加搁板等；台下盆整洁、干净，非常方便清洁，经久耐看，但是式样单一。

③ ④

⑤

3 浴缸 ●●●●◐◯◯

　　如果布置合理，浴缸应该是浴室的视觉中心。如果喜欢长时间地浸泡在浴缸里看书或者闭目养神，那么传统的铸铁兽爪浴缸应该作为首选，这种浴缸不仅适合泡澡，而且天生具有无法抗拒的魔力。

　　选择浴缸需要考虑以下五个方面：

　　功能——明确自己的真实需要，不要轻易地被销售人员和广告牵着走。

　　尺寸——根据浴室的面积来选择浴缸尺寸，太大的浴缸会让浴室变小、拥挤。

　　颜色与式样——浴缸通常为经久耐看的白色或者乳白色，也有很多其他的颜色；式样有长方形和椭圆形等。

①～② 洗脸盆与马桶
③ 台下式洗脸盆
④ 洗脸盆与浴缸
⑤ 现代浴缸
⑥ 传统浴缸

⑥

材质——铸铁浴缸经典、耐用，但是昂贵、冬天感觉冰冷；大理石和木浴缸很有特色，但是不太耐用，维护保养成本高；玻璃钢浴缸价格划算，但是不太结实；亚克力浴缸质地柔和，手感舒适，韧性好，易维护，但不太经用；瓷浴缸具有瓷器的所有特征，漂亮易碎。

浸泡型还是标准型——浸泡型浴缸比标准型浴缸更深，适合于全身浸泡在热水中，有着极好的治疗疲惫、肌肉酸痛，缓解压力和降低血压等功效。建议在购买浴缸时躺入浴缸，亲身感受一下再作决定。

❹ 龙头 ●●●●●●●

与洁具搭档的是龙头，购买它只需要根据其外观和质量就可以确定，但是还要考虑它是否与洁具协调。避免不要被一些过于时髦、花哨的龙头所迷惑，它们很可能与你的浴室装饰风格不协调，而且它们的质量也可能与外观不一致。龙头是家庭日用品当中使用频率最高的器具之一，所以应该主要关注它的阀芯质量，建议选择使用寿命更长的陶瓷阀芯作为密封件，确保它能够使用千万次也不让你失望。

洗脸盆龙头有单柄和双柄两类，可以完全按照自己的意愿来选择。单柄龙头使用方便，充满现代感；双柄龙头经典、耐用，有更多的式样和喷水方式。选择能够把水注入水池中央的龙头更方便实用。鹅颈形龙头或者拔出式喷射龙头更适合用于厨房洗槽。龙头的式样还必须与台板上的预留孔一致（单孔或者双孔）。

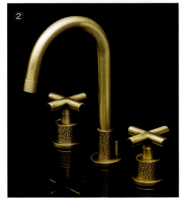

建议选择表面处理经久耐用的龙头。镀铬龙头适合于中性色调的浴室，适用面较广；铜质龙头适合于用石材或者赤陶砖铺贴的浴室。

① 现代单柄龙头
② 传统双柄龙头

橱柜、台板

Kitchen Cabinet
Countertop

1 橱柜 ●●●●●●○○○

直到20世纪早期之前，并没有专用的所谓橱柜供主妇们或者女佣们使用，以前的厨房家具基本上是由食物柜、储藏室、小斗柜、断层式碗柜和冰柜等代替。后来专门制作柜子的工匠们开始大量采用樱桃木、松木、枫木、桦木和橡木等制作专属于厨房的橱柜，不像我们今天更多地采用热压板和低级木材。

无论是过去还是今天的橱柜都必须按照图纸来进行设计、制作和安装。设计橱柜的第一步是确定厨房的大小，以及厨房里的各种用具和电器等，因为它们都需要专门的空间来摆放。对于小面积的厨房，更需要关注那些能够让空间显大的浅色系和尽量利用空间的吊柜。对于大面积的厨房，应该将橱柜、色彩和灯光一起考虑。

橱柜是厨房空间必不可少的实用家具。实木橱柜比其他材质的橱柜贵很多，但是它们所展示出的高贵品质和美观是其他材质所无法比拟的。在选择橱柜的时候，很多人都容易忽略它的价值，这里是指橱柜对于一个家庭的价值和意义，橱柜甚至能够左右一个人对这个家庭的判断。

橱柜的大部分外观，或者说其表面的价值是由其柜门来体现的，所以选择柜门的材质、颜色和质量是选择橱柜的第一步。其次才是柜体本身，需要多少储藏空间、多少搁板和多少抽屉等。最后一步才是平面和立面的布置。

以下是关于橱柜设计的一些有益建议：

（1）尽量选用双洗槽。

（2）洗碗机尽量靠近洗槽，与槽边距离最长60厘米。

（3）只要条件许可，做个尽可能大的岛柜。

（4）台板后面的挡板上要考虑充足的电源插座。

（5）吊柜下面的工作照明与岛柜上面的间接照明应该同时考虑。

岛柜是橱柜当中不可忽视的一种形式，如果空间许可，甚至可以把炉灶、抽油烟机和洗槽都放在岛柜上面，或者至少把洗槽放上去。多少年来，岛柜从来就没有过时。岛柜来自于早期的备餐桌，那时它是放在房间的中央位置。岛柜的设计离不开一个单独的洗槽、坐着放脚的空间、台板下面的储藏柜和电源插座。2~3层错落的台板比单层台板更有吸引力，而且能够适应不同的使用需要，所以更实用。如果在岛柜的上方设计一个与岛柜形状、大小一致的吊顶，可以让灯具隐藏在吊顶里面，提供均衡的照明，也使吊顶与岛柜在视觉上形成一个整体。

② 台板 ●●●●●●●●

橱柜的台板有很多种选择，每一种都有其优、缺点。

天然石英——光滑，耐用，抗热，抗刮擦，抗细菌，抗污渍，色泽均匀，拼接缝少。

天然石材——光滑，耐用，抗热和水，纹理丰富，适合于做烘烤食物备餐用。

花岗岩——具有石材的所有优点，花色沉稳大气，比大理石坚固，成为越来越多人的首选。

大理石——耐用，漂亮，不耐热和水，怕酸（甚至是柠檬和橙汁），不耐污渍。

人造石——耐用，维护简便，花色繁多，无拼接缝，整洁漂亮。

瓷砖——耐用，抗热，色彩丰富，拼贴图案多样，铺贴成本较高，适合于各种不同的装饰风格。

天然木材——耐用，外观很有特点，适合于现代风格的装饰，任何损伤均容易修复，抗菌。

不锈钢——耐用，工业化的外观和洁净的感受，适合于现代风格的室内设计。

塑料层压板——不太耐用，便宜，很多花色可供选择。

玻璃——耐用，耐热，不怕水，外观奇特，属于较另类的选择。

①~②橱柜、岛柜与台板

PART 7

硬配饰

Hard Decoration

　　一个完整的家居装饰是由硬配饰和软配饰来共同完成的。硬配饰相对软配饰而言比较大件和厚重，包括壁炉、家具、屏风、鱼缸和门窗等，它们的主体结构往往比较坚硬、扎实。如果房间里面只有硬配饰，房间会显得生硬、冷漠，需要依靠软配饰来软化它们，并且使它们融为一体，使房屋变成一个温馨的家。另外，硬配饰是家庭装饰的主体部分，软配饰属于附属部分，二者缺一不可，它们是相辅相成的依赖关系，不可厚此薄彼。

壁炉、壁炉架、壁炉罩与配件

Fireplaces, Fireplace Mantels, Fireplace Screens, Tools & Accessories

1 壁炉 ●●●●●●●●

　　早期美国开拓者们的家庭生活主要是围绕壁炉来展开，早期的壁炉肩负着烹饪、取暖和照明的功能，人们对壁炉的依赖一直延续到19世纪，烧木和煤的炉灶逐渐普及之后才得以改变。

　　在殖民时期，粗糙的木质壁炉架，特别是加长的硬木炉壁横梁，常常用来放置烛台和其他的随手工具。然而，大约在1750年之前，美国壁炉并没有壁炉架这一建筑构件的存在。

殖民时期壁炉

古典风格壁炉

　　早期的美国移民大多数来自英国，因此，壁炉的设计与款式也与英国的相差无几。富裕家庭大多使用意大利进口的大理石壁炉架。

　　随着19世纪中叶住房建造高峰期的到来，人们发现意大利的大理石壁炉架已经很难满足市场的需求了，希腊和罗马式样的木质壁炉架很快被制造出来。早期的美国木质壁炉架的材料以橡木为主。

　　到了19世纪中叶，工业革命对美国人的日常生活方式产生了巨大的影响，特别是对城市居民。壁炉的应用也开始产生变化，由过去烧木材到煤开始成为壁炉的燃料。这个变化的结果就是缩小了壁炉的尺寸，壁炉开始变得窄而浅。工业革命给壁炉带来的另一个变化是，铸铁开始大量应用于制造炉脸、炉门、柴架、壁炉工具等。与此同时，铸铁炉灶已经开始更有效和方便地用于烹饪和取暖，其结果是，壁炉逐步地失去了其原始的功能作用。最后，壁炉成为了财富与家庭的象征。不断壮大的中产阶层一方面享受着物质生活带来的便利与舒适，一方面借用装饰元素来

地中海风格壁炉

显示其成功与品位，而壁炉便是最好的道具。

1900年，一场浩大的工艺美术运动（Arts and Crafts）席卷全美，几乎是一夜之间，维多利亚式的装饰风格寿终正寝。1900—1930年期间，美国的工艺美术风格主宰了整个家庭装饰市场，当地的铁艺和玻璃制造技术得到了空前提升。壁炉的线条变得更加简练、有力，当地的石材和木材也被大量地应用在壁炉架的建造上；同时，精致的手工活和实用至上成为宗旨。不过30年代风行一时的装饰艺术（Art Deco）潮流对于壁炉架的式样并没有产生什么影响。

现代风格壁炉

20世纪四五十年代，城郊住宅大兴土木，砍伐的木材源源不断地供应给了壁炉。这时的壁炉主要用于娱乐和休闲，壁炉架的材质也多为木质材料。

到今天，壁炉已经成为一个家庭的价值符号、家庭的活动中心和美国的家庭象征。在每个平安夜，人们围坐在圣诞树下迎接圣诞的到来，如果身边没有温暖的壁炉是不可想象的，因为孩子们相信，圣诞老人还要从壁炉的烟囱里爬下来呢！

壁炉的生命力是旺盛的，作为美式风格家庭配饰品之中的主角，新式的壁炉款式仍然在不断地出现。

无论时代对壁炉的需求如何变化，也无论人们赋予壁炉怎样的使用和装饰功能，设计师对壁炉的内涵和意义的准确理解，对体现个人品位和生活方式的恰当把握，仍然是我们的设计指南和灵感源泉。

② 壁炉架 ●●●●●●○○○

壁炉架是家庭室内设计中不可忽略的装饰元素，只要有壁炉架的房间都会因此而有更丰富的情感。壁炉架的历史可以追溯到两千年之前，但是今天它仍然是不可或缺的家庭价值的象征。

在设计壁炉架之前应该确定它的使用目的，是用来展示家庭照片、烛台、书籍、镜子，还是个人收藏。目的确定之后，必须考虑壁炉架的尺寸和材料，它们由展示物品的大小和重量所决定。

最后来决定壁炉架的款式。有成千上万种壁炉架的款式可供选择，总有一款适合于需要的房间。你可以选择自己设计壁炉架，也可以购买成品，不过成品壁炉架的式样有很大的局限性。

大理石壁炉架　　　　　　　　　　石砌壁炉架　　　　　　　　　　实木壁炉架

　　另外需要测量壁炉架周边的尺寸，它们是壁炉位置的决定因素之一。壁炉架的形状和尺寸应该与房间的风格和尺度相匹配。放置在角落的壁炉架往往能使房间看起来更宽敞，同时也更具私密性。

　　实木壁炉架的材料以橡木最为常见，其他用于壁炉架的材料还有铸铁、大理石和石材等，也有人会有特别喜爱的某种材料，不过选择材料的原则应以与整体装饰材料相互协调为准。

　　壁炉架的设计还应该包括其周边的装饰，与壁炉架一起共同烘托出某种特殊的氛围，例如圣诞节。在所有的家庭室内装饰品当中，没有什么比壁炉架更能体现家庭的价值和温暖了。

❸ 壁炉罩与配件 ●●●●●●●

　　人们出于两大原因创造了壁炉罩：其一，让热量均匀地在房间里面传播开来；其二，阻挡了燃烧的余烬和飞溅的火星。当然，在不需要壁炉的季节里，壁炉罩遮盖住了炉膛火室，起到了很好的壁炉装饰作用，并成为房间内亮丽的视觉焦点。

　　壁炉的配件包括壁炉工具（扫帚、铲子和火钳）、柴火架和风箱等。人们也许不会点燃壁炉，但是他们愿意装饰他们的壁炉。选择有特点的壁炉罩和配件能够给房间带来非同一般的感觉。当壁炉跳跃的火焰照亮壁炉罩的时候，壁炉罩上的小鹿和小鸟的图案似乎也会活动起来。

壁炉工具与配件↑
壁炉罩→

燃木壁炉带给家庭的那种森林般的感受是任何其他类型壁炉所无法比拟的。尽管因此你可能忍受烟熏，并且还要定期清除炉膛和烟囱里的灰烬，但是还是有无数人为此着迷。只要燃木壁炉设计和建造合理，壁炉就可以散发出足够温暖整个房间的热量。

不同的木材产生的热量不同，有些木材会产生更多的热量，有些木材会产生带烟的香味，还有些木材燃烧起来噼啪作响。最好的壁炉燃烧木材为橡木和水果树木材。随着人们环保意识的日益提高，一种燃烧乙醇的壁炉开始在市场供应，它干净、无味、安全，只产生少的蒸汽和二氧化碳。

尽管传统燃木壁炉仍然受欢迎，但是燃气壁炉和电壁炉开始越来越受到关注。燃气（丙烷气体）壁炉因为外观与传统壁炉无异而被视为与燃木壁炉接近的壁炉；电壁炉因为全新的供热方式而被视为现代壁炉。

燃气壁炉的外观看起来就像燃木壁炉，只是像煤气炉一样通过扭转开关就可以控制燃烧。因为它是燃烧丙烷气体来产生热量，所以它需要管道连接。有些新型燃气壁炉甚至还可以用遥控器控制，非常便捷。燃气壁炉也产生火焰，但是没有燃木壁炉那样的噼啪声，只是安静地燃烧着。在节能方面，燃气壁炉胜过燃木壁炉和电壁炉。大部分燃气壁炉不需要烟囱，甚至在停电的情况下，仍然能够工作。

电壁炉

燃气壁炉

电壁炉完全由电来控制和制热，所以它完全没有火焰，尽管有些电壁炉会有模仿火焰的设计。它也无须烟囱和安装，就像是一个房间的供暖装置，事实上，电壁炉的工作原理就是如此。电壁炉的优点之一就是它的小巧玲珑，可以随意搬动，放在房间的任何角落。由于没有火焰，电壁炉甚至比燃气壁炉还要安全。它不会产生任何异味和废气；如果不考虑电费，电壁炉会被很多人视为最经济的一种壁炉。对于那些怀念传统燃木壁炉的人来说，他们仍然可以为燃气或者电壁炉装上壁炉架，以及配套的壁炉配件，让燃气或者电壁炉看起来与燃木壁炉一样。电壁炉的主要缺陷是在停电的情况下，它将完全停止工作。

无论是燃木壁炉、燃气壁炉，还是电壁炉，它们大多其实就是插入壁炉炉膛里的火炉，这种火炉一般用厚钢板或者铸铁制造，通常还会有一个玻璃门让你看到火苗。它能效高，操作方便，安装容易，只需要与壁炉炉膛的尺寸相衬。有的火炉与壁炉平齐，热量主要通过正面散发。还有一种火炉突出壁炉，能通过左、右、上、下和前面散发热量，能效最高。

火炉为了提高能效，还会在前面或者边上安装吹风机。有的吹风机是手动的，有的由恒温器控制。由于牵涉到安全问题，安装火炉应该由专业人士完成，安装工作还包括火炉与烟囱的连接。

除此以外，还有柴火炉（燃烧实木）、木粒火炉（燃烧一种经过特殊加工的木质颗粒）和中央加热器等独立式火炉，它们可以靠在做好壁炉架的墙面，或者靠在无壁炉架的墙面，也可以放在房屋中间。

古典家具式样
Classical Furniture Styles

❶ 1600—1690詹姆士一世风格 ●●●●●●●

一种和英国中世纪的家具式样，线条刚直、严谨，结构牢固，饰有雕刻，颜色较深，是众多美国早期家具模仿对象。

❷ 1640—1700早期美国风格 ●●●●●●

初级实用主义家具由当地木材制造，式样基本借鉴或模仿当时欧洲的家具式样，主要是英国、法国、荷兰、北欧和西班牙。

❸ 1690—1725威廉与玛丽风格 ●●●●●●●

此风格源自于英国的威廉与玛丽风格（1689–1694），受到荷兰和中国的影响，它的特点包括喇叭形状旋成的腿，底部由一个球形或西班牙腿形结束，带衬垫和藤条编织的椅子，还有东方的漆器。

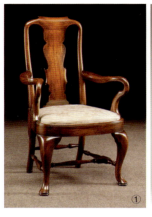

④ 1700—1755安妮女皇风格 ●●●●●●●●

此风格起源于英国安妮女皇统治（1702—1714）时期，是在威廉与玛丽风格的基础之上改良而来，比例适当，造型温和典雅，其特点包括弯腿，底部有垫木或者公鸭腿，类似提琴的椅背，大多有扇贝和海扇壳的雕刻装饰。

⑤ 1700—1780殖民风格 ●●●●●●●●

殖民风格集中了威廉与玛丽、安妮女皇和齐朋德尔家具的所有特征，殖民风格的家具比同期的英国和其他欧洲的家具更为保守，且更少华丽装饰。

⑥ 1714—1760乔治风格 ●●●●●●●●

乔治风格得名于乔治一世和乔治二世（1714—1760）统治英国时期，它比安妮女皇风格有着更多的华丽装饰，尺寸较大，精心雕琢的弯腿，底部为动物球爪式腿，雕刻富丽堂皇，椅背通透，局部饰金箔。

⑦

① 安妮女皇风格的坐椅 ② 安妮女皇风格的斗柜 ③ 殖民风格的斗柜与坐椅 ④ 安妮女皇风格的单人皮椅 ⑤ 乔治风格的坐椅 ⑥ 乔治风格的皮质坐椅 ⑦ 乔治风格的餐桌 ⑧ 宾夕法尼亚荷兰风格的坐椅 ⑨ 宾夕法尼亚荷兰风格的碗柜 ⑩ 齐朋德尔风格的坐椅 ⑪ 齐朋德尔风格的边桌 ⑫ 罗伯特·亚当风格的床具

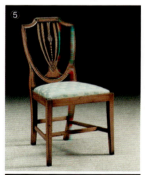

7 1720—1830宾夕法尼亚荷兰风格 ●●●●●●●

受德国风格的影响，造型简单、实用的美国乡村风格。其特点主要体现在柜子表面色彩鲜艳的民俗画上。

8 1750—1790齐朋德尔风格 ●●●●●●●

此风格因英国家具设计师兼制造师托马斯·齐朋德尔而得名。齐朋德尔于1754年出版了《绅士与家具师指南》一书，他主要受到法国、中国和哥特式家具式样的影响。美国的齐朋德尔风格是安妮女皇风格的升华，其特点包括弯腿、动物球爪式底部、高柜顶部断开的山形墙。

9 1760—1795罗伯特·亚当风格 ●●●●●●●

建筑师罗伯特·亚当曾经在意大利学习古典建筑，他在英国所设计的经典住宅和家具被称之为亚当风格。亚当风格在美国十分有限，其木工手艺主要流行于南卡罗来纳州。

10 1765—1800赫伯怀特风格 ●●●●●●●

赫伯怀特风格得名于英国设计师和家具制造师乔治·赫伯怀特，在他死后的1788年出版了他的《家具制造师与家具商指南》一书。属于新古典风格的赫伯怀特风格主要风行于美国的南北卡罗来纳州、马里兰州、新英格兰州、纽约州和弗吉尼亚州，此风格外观精美、雅致，包括锥形腿以及颜色对比的贴面板和镶嵌物。

① ② ③ ④

⑪ 1780—1820联邦风格 ●●●●●●

　　联邦风格结合了赫伯怀特和谢拉顿风格中的新古典元素，线条优美，做工轻巧，其特点包括锥形腿以及运用颜色对比的贴面板和镶嵌物。

⑫ 1780—1820谢拉顿风格 ●●●●●●

　　谢拉顿风格因英国设计师托马斯·谢拉顿于1791年出版的《橱柜制造师与家具商图册》一书而得名。谢拉顿风格属于新古典风格，其特点包括线条精致、制作轻巧、对比色镶板、新古典艺术图案和装饰。谢拉顿风格主要流行于美国联邦风格鼎盛时期。

⑤ ⑥ ⑦

⑬ 1795—1848邓肯·法伊夫风格 ●●●●●●

　　此风格因美国的橱柜制造师邓肯·法伊夫而得名，有些艺术历史学家认为邓肯·法伊夫风格是在亚当、谢拉顿、赫伯怀特和帝国风格的改良和提炼基础之上形成，其特点包括有雕刻和带凹槽的腿，饰有新古典艺术图案。

⑧

14 1800—1840美国帝国风格 ●●●●●○○○

美国帝国风格效仿法国帝国风格中的古典因素，比例适当，装饰典雅，雕刻粗犷，色泽深暗。

⑨

⑩

15 1820—1860谢克尔风格 ●●●●●○○○

这种简单而实用的家具风格由美国的宗教团体、信徒联合会和独立社区所创造。其特点包括直线的锥形腿、编织方形椅座和蘑菇状木把手。

16 1840—1910维多利亚风格 ●●●●●○○○

维多利亚女王于1837—1901年间统治英国，维多利亚风格因她而得名。维多利亚风格源自哥特式风格，因此造型厚重，颜色深沉，雕刻华丽，并且装饰丰富。维多利亚时期的家具开始大批量生产。

① 赫伯怀特风格的坐椅
② 赫伯怀特风格的折叠桌
③ 联邦风格的写字台
④ 联邦风格的坐椅
⑤ 谢拉顿风格的坐椅
⑥ 谢拉顿风格的写字台
⑦ 谢拉顿风格的双人沙发
⑧ 邓肯·法伊夫风格的坐椅
⑨ 美国帝国风格的沙发
⑩ 美国帝国风格的衣柜
⑪ 谢克尔风格的坐椅
⑫ 维多利亚风格的小圆桌
⑬ 维多利亚风格的沙发

⑪

⑫

⑬

17 1880—1910工艺美术风格 ●●●●●●●

　　工艺美术风格的主要特点为简单、实用的设计和构造。工艺美术风格与传教士风格一脉相承、相互影响。

18 1890—1910新艺术风格 ●●●●●●●

　　这种自然主义风格的特点包括复杂的图案装饰和流动的曲线，它对后来的装饰艺术风格（Art Deco）产生了意义深远的影响。

19 1930—1950北欧当代风格 ●●●●●●●

　　这种简单、实用、原木色的设计风格由丹麦和瑞典的设计师们普及开来。

工艺美术风格的莫里斯椅

新艺术风格的写字台

北欧当代风格的餐桌

古典家具工艺特征

Classical Furniture Features

　　起始于17世纪的古典家具有四大基本装饰工艺特征——雕刻、镶嵌、彩绘和饰面。直至今天，这四大工艺特征仍然既可以单独应用，也可以任意组合，从而创造出传世的古典家具。其他的装饰技术特点还包括彩绘玻璃、贴金箔、涂漆和镂花涂装。

1 雕刻 ●●●●●●●●

　　盛行于18世纪的齐朋德尔风格和联邦风格，以其精美的雕刻、穿透的椅背而闻名于世。雕刻的图案经常是旋涡形花纹、菱形、垂花饰、花边和老鹰等；经典的图案还包括竖琴形、七弦琴形、海豚形、女像柱和狮爪等。最奢华的雕刻产生于洛可可时期，其过渡的雕饰有循环的旋涡形花纹、丰富的水果和华丽的树叶。

古典家具的雕刻技术

2 镶嵌 ●●●●●●●●

　　镶嵌在18世纪晚期成为主要的装饰技术，与饰面技术属于同一时期技术。镶嵌的图案通常为贝壳、花卉、扇形和老鹰；除此之外，条状和链状的几何图案也经常用到。自联邦

古典家具的镶嵌技术

古典风格的镶嵌技术细部

时期以来，用不同的木材镶嵌的技术就一直很流行。

3 彩绘 ●●●●●●●

　　彩绘的目的在于使普通木材制作的家具表面更为丰富多彩，从而提升其价值。彩绘技术自17世纪从英国引进之后，便广为流行。由于其廉价和简便，与同时期的擦色和油彩技术并存。彩绘技术是保护家具的重要方法之一；最常用的颜色为黑色和红色，同时，铅白彩绘也非常流行。常见的彩绘图案为几何形、花卉和人造木纹。由于安妮女皇风格和齐朋德尔风格崇尚雕刻，彩绘技术的应用曾经一度减少；直到联邦风格兴起，彩绘才又随着贴金箔、镂花涂装和彩绘玻璃技术的发展而重获新生。

①

4 饰面 ●●●●●●●

　　18世纪之前的古典家具中很少见到饰面技术，因为之前的家具以雕刻装饰技术为主，直至联邦时期，饰面和镶嵌技术才开始大放异彩。饰面技术是在有限的珍稀木种日趋减少的情况下，为了满足市场需要而兴起的一项装饰技术。常见的饰面木材有球纹桃花芯、花梨木和胡桃木等。

5 彩绘玻璃 ●●●●●●●

　　彩绘玻璃技术大量应用于联邦时期，因其在玻璃的反面彩绘图案和涂金色，从而达到精美的装饰效果。彩绘玻璃通常用于镜子、座钟等。在纽约、巴尔的摩和波士顿地区的家

②

③

④

具上面，玻璃上绘制的场景经常是花卉、乡村图案、风景，或者海景。

⑤

❻ 贴金箔 ●●●●●○○

贴金箔技术是一项复杂的工艺，分为水箔和油箔两大类。由于它的高抛光度，水箔技术一般用于高档家具；油箔的抛光度低，抗氧化性能好，造价较低，制作相对简易。贴金箔技术自1750年以来就大受欢迎。

❼ 涂漆 ●●●●○○○

涂漆技术常见于18世纪的纽约和波士顿的家具制作，它是东方漆的廉价代用品。具体做法是：先在普通木材表面施一层类石膏粉物质作为基层，油彩和灯烟混合物作为颜料，最后表面上漆。

❽ 镂花涂装 ●●●●●○○

镂花涂装是19世纪古典家具装饰技术的一项新事物，它费工费时、造价昂贵，美国帝国风格的家具几乎无一例外地用到了镂花涂装技术。镂花涂装技术也常常被用来在普通木材上模仿高档木材的纹理；它也曾经因为比壁纸造价低而被应用于墙面。

⑥

① 古典家具的彩绘技术
② 古典家具的饰面技术
③ 古典家具的彩绘玻璃技术
④ 古典家具的贴金箔技术
⑤ 古典家具的涂漆技术
⑥ 古典家具的镂花涂装技术

家具种类

Today's Furniture Types

没有一款今天的家具式样是没有受到过传统经典家具式样的影响而横空出世的。今天的美式家具之分类不过是在传统经典家具的基础之上延续其辉煌，继续繁衍发展着。

① 古典家具 ●●●●●○○

古典家具是最正式的家具式样，豪华、典雅而又精致。古典家具结合了贵重的面料和深色的木材，如桃花心木和樱桃木等。古典家具受到来自于历史上所有经典家具式样的深远影响，如维多利亚风格、安妮女皇风格和齐朋德尔风格等。古典家具的装饰细节源自于英国和美国各个时期的家具装饰特征。

② 随意家具 ●●●●●○○

随意家具反映了美国人崇尚轻松自在、悠闲随意的生活方式。随意家具包括了加厚软垫的沙发（俗称"功能沙发"），配上柔软舒适、易于清洁的面料。常用的木材有枫木、橡木和松木等；表面处理一般不是太光滑；色彩通常为中性，或者是咖啡色。随意装饰风格追求舒适、放松和温馨的家庭气氛，非常适合于轻松和低调的生活方式。

古典家具　　　　　　　　　　　　　　随意家具

❸ 乡村家具 ●●●●●●●●

　　家庭和健康是乡村家具的两大要点。乡村家具受美国、欧洲和墨西哥地区家具的影响最深，功能齐全、式样多变。它可能有些粗糙，好像湖边小木屋里面的原木家具；它也可能线条柔和，就像当年腰系皱巴巴围裙忙碌着的美国开拓者所使用的家具。用松木、橡木、枫木和桦木等制作的旧乡村家具，带有典型的仿旧磨损痕迹。乡村装饰风格喜欢采用各种花色的斜纹布、花棉布、亚麻布、彩色方格布和格子布等；饰品也总是让人倍感亲切，例如椭圆形的编织地毯，擦色或者油漆的木地板，漂亮的刺绣被面，古老的花瓶和美国国旗等。"乡村风格"有时也被称做"乡村随意"，因为乡村风格本质上就是随意。

❹ 当代家具 ●●●●●●●●

　　当代家具以其功能第一、造型简洁、光滑流畅的特点而闻名于世。当代家具的设计灵感不可否认地借鉴了同样是造型简洁的谢克尔风格、传教士风格和北欧风格。当代家具的外观新颖，面料光鲜、醒目，无过多的图案装饰；通常与大尺寸的饰品和艺术品搭配，从而创造出干净利落、不拖泥带水、符合时代潮流的室内装饰风格。

❺ 现代家具 ●●●●●●●●

　　棱角分明，简洁干净，以直线形为主的现代风格在年代划分上稍早于当代风格，甚至包含有复古和艺术装饰

① 乡村家具
② 当代家具
③ 现代家具

③

① 混合家具
② 当代随意家具
③ 古典随意家具
④ 混搭家具

风格的元素。现代风格的装饰材料包括木材、铬合金、钢材和玻璃等。装饰织品非常简单，但是可能纹理清晰，或者机织紧密；醒目的色彩，有力的黑与灰色调；还有永恒的皮革，这些都是现代风格的常用装饰手法。

6 混合家具式样 ●●●●●○○○

　　不是今天所有的家具式样和装饰风格都能够准确无误地归纳于某一风格范畴，混合的式样常常更能为美国家居增光添彩，从而满足消费者的不同欣赏口味。

7 当代随意家具 ●●●●●○○○

　　当代风格加上随意的品质，其结果必定是超舒适和多功能的，同时外观也要与时俱进。当代随意家具的木材可能为浅色系的枫木、桦木和白橡木，或者染成咖啡色。传教士风格对于工艺美术风格的影响，皮革和超细纤维包裹的沙发和坐椅，这些常见于当代随意装饰风格。

8 古典随意家具 ●●●●●○○○

　　将随意与古典结合在一起的特征有：轻微的雕刻，舒适的功能，居家的感觉和典雅的造型；织品部分缝制讲究，色彩柔和。古典随意家具常见于今天的家庭影院和娱乐中心，例如皮质的躺椅和沙发。

9 混搭风格 ●●●●●○○○

　　将数种协调和互补的装饰风格混合在一起，从而取得独一无二和与众不同的装饰效果，我们称之为混搭风格。混搭风格装饰中常常将主人周游世界各地的收藏品和纪念品展示出来；家具的式样、木种和面料几乎涵盖了所有可能的选择。事实上，色彩是创造和谐的关键要素。

　　源自古老中国的屏风是一件应用得非常广泛的功能性饰品，其历史可以追溯到两千多年前的西周，后又传至日本和朝鲜，乃至全世界。古代屏风的材料、式样和应用方法远远超过现代屏风。现代屏风一般为曲屏风，是一种可折叠的双数屏风，折板数目从两块到六块不等；部分现代屏风也有单数折板。人类社会的时尚观念变化万千，很多古老的饰品又重新出现在人们的视线，屏风就是家庭装饰的新宠。屏风虽然属于家具类别，但其装饰性大于一般以功能性为主的家具，而且具有独特的东方文化特点，因此单独列项。

　　那些居住在单间公寓或者是阁楼的人们常常需要用屏风来分隔不同的活动区域，例如将卧室与厨房分隔。有人把屏风当作遮蔽视线的屏障，或者用来阻挡阳光；还有人把屏风放在沙发的后面，将起居空间与壁炉分隔开来，由此产生更私密的亲切感。屏风还可以用来制造门厅，或者是整个房间。

　　屏风可以遮蔽那些不想让人看见的杂物，或者用来隔出一个不被人注意的储藏间。屏风的作用真可谓永无止境。创造性地运用屏风能够产生令人意想不到的效果，并且它永远都会吸引每个人的眼球。由于屏风的灵活性，你可以根据空间的使用目的随意摆放它，或者收藏起来。

　　人们购买屏风往往是被其美丽的外表所吸引。屏风的式样和花色千变万化，几乎可以

屏风

餐厅里的屏风　　　　　　卧室里的屏风　　　　　　屏风在卧室中的装饰作用

适应任何装饰风格。东方风格的屏风通常带有龙和花卉的图案，此外还有蝴蝶或者是山峰等。也有人喜欢单色的屏风，这样的屏风甚至可以自己动手制作，并且可以按照自己的意愿随意地更改颜色。事实上，关于屏风内页的图画设计可以发挥你的无限创意：有人利用屏风作为家庭照片的展示架，给人耳目一新的感觉。

屏风基本上是由两页以上的框架通过铰链连接起来，覆盖框架的内页材料有布料、木材和纸张等，其上常常描绘有精美的图画。屏风的材料包括脆弱的宣纸，或者坚硬的硬木，如樱桃木、橡木、桃花心木和栗木等。有些屏风用帆布制作，这样的屏风会使站在后面的人在屏风上产生有趣的剪影。

屏风给任何房间都可以带来温暖和魅力，它主要被用来分隔空间，作为临时性的隔断使用。屏风本身也极具装饰性，尤其是那些做工精细、图案美丽的屏风，摆放在任何房间都会增添无尽光彩。如果摆放在一个暗淡乏味的角落，角落会因此立刻蓬荜生辉。屏风还可以作为任何背景使用，其效果好过一幅简单的油画。屏风给任何房间都会带来惊喜，引发客人的赞赏和羡慕。现在很多屏风会设计得非常简洁，也有些屏风仍然保持其古老的式样，价格也会因此上涨。有些产自18世纪的屏风不仅体现了尊贵与高雅，而且展示了一定历史价值。

沙发背后的屏风

鱼缸

Home Aquariums

　　如果你决定在家里安置一个鱼缸，为里面的鱼儿保持清洁是成功的关键，也是需要考虑的第一要素。定制的鱼缸是家庭和办公室室内空间里一道亮丽的风景线，并且还是安抚心情的一味镇静剂。人们只要静静地看着鱼儿自由自在地游来游去就能够释放掉许多精神压力。当然，这个角色最好是由小鱼儿和小卵石一起来担当。

　　第一，要根据房间的大小来选择鱼缸，最好不要选择那种太深的鱼缸，以免日后增加清洗的难度；而且处于深缸底部的植物因为照射不到光线容易生长不良乃至枯萎。现在有一种墙鱼缸可供选择，它分为墙挂式和嵌入式两种，能够节省不少空间。家里最适合放鱼缸的地方是客厅。

　　第二，要考虑的配件包括鱼缸盖、石头、过滤系统、加温器、过滤器、鱼食、渔网、真空过滤机、化学测试仪、人工或者自然植物，以及其他的装饰物。购买时须弄清楚每一样配件的维护与操作。

　　第三，当一切安置妥当后，鱼儿也入住到这个新的环境，你要严密监视鱼缸的工作状况，确保一切运转正常。必须确保鱼缸的水质不长真菌和细菌，鱼儿也不长寄生虫。这些寄生虫经常在不易察觉的情况下进入鱼缸，并开始迅速地繁殖。当你注意到鱼儿有些不正常的时候，可能整个鱼缸已经被感染。所以，一旦发现有鱼儿感染寄生虫，应该立即采取隔离手段，阻止感染蔓延。

　　第四，尽量选择那种与其他种类容易相处的鱼儿，因为有些鱼儿会对异类不太友善。建议不要全部买彩色鱼，因为不同种类的鱼儿在一起看起来更有活

① 客厅与餐厅之间的鱼缸
② 沙发后面的鱼缸

力。在购买鱼儿的时候要弄清楚，哪些鱼儿在一起会比较愉快地和睦相处。自己也可以上网搜索一点相关的知识。

还有一点很重要，不要给鱼儿喂食过多，这几乎成了鱼儿翻肚皮的主因。那些吃剩的鱼食四处散落，污染着鱼缸的水质，因为未食尽的鱼食在水中会产生对鱼儿有害的硝酸盐。所以，记住只按照要求给鱼儿喂食。

一个给人印象深刻的鱼缸离不开精心挑选的鱼缸装饰物。这些装饰物不仅仅是为了美观，它们还扮演着重要的功能性角色。为了给鱼儿提供一个舒适的水下三维空间，我们必须为鱼儿考虑活动、饮食、睡眠和躲藏的地方。鱼缸的底部是安排装饰物的主要地方。注意砾石以大小不同的尺寸搭配，既便于清洗，又利于镇压住较大的植物根系。不同颜色的砾石可以给单调的石头增加美感与深度。

背景部分的装饰常常被忽略或者敷衍了事。背景一般有简单的平面和复杂的三维两种选择。所谓平面背景就是一块画面；三维背景可以通过装饰物的摆放来隐藏不太好看的过滤器，不过这样会增加清洗的工作量。

水下景观最重要的部分是选择一两个引人注目的装饰物作为视觉焦点。鱼儿会很喜欢那些可以让它们藏身的装饰物，这种装饰物可以是你想象到的任何东西，通常为沉船、空心树根、石头洞穴、城堡或者房舍等。注意装饰物的大小与鱼缸尺寸的协调，要给鱼儿留出足够的遨游空间。当主要的装饰物确定之后，围绕它还需要一点其他的配饰。如果是那种需要较多氧气的鱼儿，那么可以考虑冒气泡的匣子，或者是水下河流上架桥；也有人喜欢在鱼缸安装水下彩灯，让五颜六色的光丰富鱼缸。

最后一步是选择水下植物。一般来说，大鱼适合于用人工草，因为人工草不怕被大鱼伤害。小鱼儿可以用人工或者自然草，并且小鱼儿也需要更多的水下植物，这样鱼缸看起来比较完整和充实。

门、窗种类
Door & Window Types

1 门的种类 ●●●●●●●

　　入户门——入户门是一所住宅最吸引眼球的部分，它首先应该与房子的式样相匹配，与整座房子成为一个整体。就好像是一本书的封面，它是否在欢迎你入内一探究竟呢？

　　室内门——室内门是连接每个房间的必经之路，它既可以是平板门，也可以是镶板门，目的都是为了阻挡视线和噪音。

　　玻璃门——玻璃门最能满足自然感官和细腻情感的真实享受。为了达到某种艺术效果，玻璃可以染色、倾斜、蚀刻、镜化、着色，或者磨砂。透过玻璃，漫射的阳光将房间营造出一片祥和的气氛。

　　金属门——金属门粗糙的表面，使它能够适应室内外不同的环境。它表面的材质通常为紫铜、青铜、黄铜，或者锡铅合金。

　　雕刻门——雕刻门是古典风格室内装饰中最值得炫耀的材料之一。雕刻门集尊贵与永恒于一身，因此，它也是豪宅的必配奢侈品之一。

　　镶板门——镶板门既可以精细地模压成型，也可以奢华地雕刻、描绘，或者镶金。镶板门的魅力来自于它细致的木工、材料的运用和典雅的设计。

入户门　　　　　　　　室内门　　　　　　　　玻璃门　　　　　　　　金属门

| 雕刻门 | 镶板门 | 法式门 |

　　法式门——法式门是连接室内与花园的通道，也是一个亮丽的景框，它总能激起人们那种投入大自然怀抱的冲动。当然，法式门也常常用在室内，让两个独立的空间连接起来。

② 窗的种类 ●●●●●●●●

　　固定窗——固定窗虽然不能打开，但是它能最大限度地扩大窗户的尺寸，从而展现室外全景的画面。固定窗能够与其他任何式样的窗户组合。（通风率=0%）

　　上旋窗——上旋窗从下方朝外推开窗户，其铰链安装在上方；上旋窗的优点是在下雨或者下雪的时候，仍然能够开启不受干扰，保持空气的流通。（通风率=100%）

　　平开窗——平开窗是应用最为广泛的窗户式样，几乎可以被用在任何房间。（通风率=100%）

　　推拉窗——推拉窗特别适合于空间有限制，不利于窗户伸出的情况。因其造型简洁、造价低廉而被广泛应用。（通风率=50%）

　　单/双悬窗——单/双悬窗

固定窗

上旋窗　　　　　　　　　　平开窗　　　　　　　　　　推拉窗

的式样典雅大方，保温性能良好，维护简便，造型丰富多样。（通风率=50%）

八角凸窗——八角凸窗经典而又实用，它能够引入更多的阳光，并且增加了室内空间，只要条件容许，它几乎可以被应用到任何一个房间。八角凸窗的中间通常固定，两侧可以平开或者双悬，这样既可以提供一个全景的视野，又能够增加房子的价值。（通风率=30%~50%）

花园凸窗——花园凸窗是一种专门用来展示主人引以为豪的花草的窗户，它也为这些花草的日照提供了保障。和八角凸窗一样，花园凸窗的两侧也可以开启，它既能引入更多的阳光，又能扩大室内的空间。（通风率=50%）

屋顶天窗 vs 老虎窗——屋顶天窗是指在斜坡屋顶上面平行凸出开设的倾斜天窗，目的主要是为了采光，如果能够开启则也可以通风。老虎窗源自传统英国坡屋顶房屋上面开设的屋顶窗，窗户与地面垂直，目的主要是为了采光和通风，通过19世纪上海租界的英国洋房传入中国。屋顶天窗比老虎窗有着更好的采光效果，施工简便，材料节省，造价便宜，但是清洁麻烦。老虎窗能够有效地增加阁楼的使用空间，清洁

① 单悬窗
② 八角凸窗

花园凸窗　　　　　　　　　　　　老虎窗　　　　　　　　　　　　屋顶天窗

方便，但施工麻烦、造价较贵。老虎窗比屋顶天窗视野更为
开阔，外观多样，款式包括山形老虎窗（双坡）、平顶老虎
窗、单坡老虎窗、四坡老虎窗、共墙面老虎窗和装饰性老虎
窗（纯为美观）等。近些年来，单坡老虎窗开始流行起来，
因为单坡老虎窗比之经典的双坡老虎窗宽大许多，有时候，
阁楼的一整面墙都可以做成单坡老虎窗。如此一来，阁楼的
通风、采光和使用面积都将大大提高，剩下的只是需要考虑
如何装饰它和为它遮阳。

　　百叶窗——以实用为主要目的的百叶窗形式多样，它们
总能给室内装饰锦上添花。经典的百叶窗有三种：镶板百叶
窗、假百叶窗和板条百叶窗。

百叶窗

精美的装饰五金所蕴涵的高贵质感就如同一位贵妇人每天佩戴的首饰一样重要，所以不要忽略装饰五金在美化家居中所起的作用。一件手工打造的装饰五金（包括装饰把手和装饰拉手）如传世珍宝一样与房屋永远相伴。它们是橱柜、家具和嵌入式定制家具的最佳伴侣。并没有一定的法则规定柜门和抽屉应该用把手还是拉手，通常人们会选择柜门用把手，抽屉用拉手。如果拉手用于柜门，最好将其竖装。虽然你可以任意混合使用不同款式的把手和拉手，但是建议最好与房间的整体装饰风格保持一致。也许选择木质把手和拉手是最保险的用法，其实装饰五金就是橱柜或者家具的首饰，改变装饰五金会直接影响到橱柜和家具的外观。

　　装饰五金就像是首饰，其品质好坏决定了橱柜或者家具的品质和价值，所以应该尽量选择高品质的装饰五金。装饰五金有成千上万种不同的式样、尺寸和材质可供选择。在选购之前应该牢记心目中所期望的装饰风格：典雅、乡村、古典还是现代等。装饰五金的表面处理效果应该与房间内其他的金属装饰元素一致，同时也包括墙漆、设备、瓷砖和台板等，装饰五金和装饰线条能够将一件平凡无奇的橱柜转变成不同凡响的家具。

　　人们似乎很难确定到底需要给橱柜配上把手还是拉手，好像任挑一种均可，因为它

古典家具与装饰五金

们看上去作用相同。事实上，拉手的作用要大得多，而且拉手的装饰效果也明显得多，它能够让一件普通的橱柜或者家具蓬荜生辉。大多数人会选择混合使用把手和拉手，但是它们的图案应该一致。就算是选择不同图案的把手和拉手，它们的材质和表面处理也应该一致。

把手与拉手

葡萄叶形门拉手

① 古典装饰把手 ●●●●●●

鸢尾花形把手是一个蕴藏着众多含义的漂亮把手，鸢尾花形象征百合或者睡莲，曾经是法国王室的专用花卉图案，因为法兰克国王克洛维的喜爱而受宠。萨德尔沃思把手和拉手的特征是有着许多旋涡状细节，表面有着很浅的浮雕，所以看上去不会很抢眼。凯尔特把手属于浅浮雕，但是并不会因此影响其出众的美观。凯尔特把手以最早于6世纪出现于英国的福音书上的插图而流传至今的凯尔特结而闻名。从此凯尔特结图案也大量出现于艺术品、文身、珠宝、甚至是剪贴画上。王冠把手自然有一个硕大的细节图案，它有着优雅的卷形花纹和珠状图案，曾经被用于家族族徽，广泛用于家具、珠宝和藏书票等物品之上。法国庄园把手有着错综复杂的深刻纹理，它是法国贵

鸢尾花形把手

鸢尾花形拉手

萨德尔沃思拉手

萨德尔沃思把手

凯尔特把手　　　　王冠把手　　　　法国庄园把手　　　　古典编织把手

族豪宅的象征。法国庄园把手的外观粗壮有力，然而又不失精致和优雅。古典编织把手的特点是鲜明的肌理图案，它的应用非常广泛，适合于几乎任何一个房间。编织的结象征着团结，是相对保守设计的最佳选择。

　　花纹把手是带有花卉和卷叶装饰的把手，华丽卷曲的花卉使空间更显精致柔美，其中以卷丹状植物装饰最为著名。花纹把手给家具或者橱柜注入了生命，仿佛能够闻到它的芬芳。

花纹把手　　　　　　　　　　瓷质花纹把手　　　　　　彩绘花纹把手

② 古典美式拉手 ●●●●●●●●

　　早期美式拉手受英国拉手的影响，强调其功能，外观设计简单，应用极其有限。东湖拉手有着更为精致的设计，是工业革命后大批量生产的拉手代表，成为美国拉手的经典。

　　维多利亚拉手是由东湖拉手演化而来，虽然基本保持了东湖拉

东湖铜质把手↑
东湖水晶把手→

维多利亚把手

工艺美术把手

手的设计特点，但是通过简化设计更加强调了家庭的社会地位。

工艺美术拉手属于一种新怀旧风潮影响下的产物，造型简洁，内容直白，体现了工艺美术的精神。

复古拉手带有古典的设计特点，装饰性大于功能性，其设计元素来自古典装饰艺术风格。

装饰艺术拉手大约出现于经济大萧条之后，缘于人们期待更新更美好的生活，强调光滑、纤细的外观，对于后来的现代风格影响深远。

建议不一定要从头到尾都选择一种风格的拉手，可尝试使用两种风格的搭配，比方说现代+维多利亚，工艺美术+现代，或者装饰艺术+工艺美术等，最后的效果往往会出人意料。

玻璃复古把手

装饰艺术把手

PART 8

软配饰

Soft Decoration

　　改变一个家庭室内面貌最快捷的方法之一就是通过更换床品、窗帘、浴帘、盖毯、椅垫、靠枕套和桌布等织物来轻易地达到。用柔软的织物来装饰你的家，既体现了你的个人品位，又展示了你的独特个性。而且我们还可以根据季节和功能的变换来随时更换它们。在一个家庭室内空间中，当所有的织物都处于一个微妙的互补关系的时候，即达到了你中有我、我中有你的状态。这个空间能够清晰地向人们传送一股无形的能量，这股能量在不同的空间之间流动着，并且赋予了空间生命力。这便是运用织物来装饰家庭的全部意义所在。

8.1 床品

Beddings

比标准枕头尺寸更大的方形花边枕头

18英寸绣花抱枕

标准方形花边枕头

开口式枕头

床单

阔枕

被子

床罩

床裙

床品名称

装饰卧室就如完成一件艺术品一样需要充满激情，床自然是卧室的主角，床品和枕头就是床的美丽衣裳。所以，装扮床的第一步骤应该从挑选床品开始。所谓床品通常包括床单、床罩、床裙、枕套、棉被或者羽绒被等；选择床品的原则以舒适性为准。一套完整的传统床品还包括卧室的窗帘、帷幔和窗帘盒等，因为卧室的温暖和舒适来自床品、枕头和窗帘的共同营造，枕头在这里起到点缀的作用。

选择床品首先要考虑与卧室的家具协调。如果卧室家具是古典风格，那么床品的花色应该选择淡雅的花卉、佩斯利涡旋纹或者条纹图案，避免那些鲜艳、粗犷的颜色，或者几何形图案。如果是现代风格的卧室家具，那么床品应该选择整洁、干净的单色，配合醒目的抽象图案，室内的色彩不要超过三种。如果想要一个浪漫的卧室，并非一定需要皱褶、花卉和蕾丝等传统手法，可以尝试用更深沉、丰富和性感一点的色彩，除了传统的经典红色之外，还可以考虑紫色或者祖母绿。此外，浪漫的情调还可以由全白色调来创造，这时应该选择非常柔软、蓬松和有形的床品，如鹅绒被和羽绒枕头等，再加上靠枕和床裙，这是令许多女孩子为之神往的浪漫王国。

传统锁边枕套

建议每张床至少配置两套床品，一套花色较清凉的（如蓝、绿色调）床品用于夏天和春天，另一套较温暖的（如咖啡色、奶油色调）床品用于冬天和秋天。

无论如何，床品总是改变卧室面貌最快捷的装饰方式，一套高品质的床品对高质量的睡眠有直接帮助，因为人体对床品的感觉与睡眠质量成正比。全棉被公认为最舒适的床品材质，它可以满足冬暖夏凉的要求。要是条件许可，你也可以在冬天选择法兰绒，夏天选用丝质床品。床品织物的经纬密度越高，意味着质量越好，手感越柔软，价格也越贵，同时也越不经用和难以伺候，但那绝对是物有所值。

虽然家庭装饰的趋势随着时代的变迁而变化着，但是，有些经典的饰品却从未过时。下面这些传统的床品永远都是最好的卧室饰品。

床罩——传统也叫床盖，它是指覆盖在床具最外层的装饰性织物。现在的床罩泛指床上的覆盖物，包括被子和毯子。它比床单的尺寸更大（三边几乎拖到地板）、更厚（有填充物），所以也更温暖。

床单——是一种轻质床罩，它可能是机织物或者有填充物。传统的床单只起装饰作用，覆盖在更厚的床品上面，可以用做盖毯，或者是野餐用毯。现在

传统信封枕套

传统花边枕套

传统卷边枕套

套装式床裙

箱形褶襇边床裙

皱褶边床裙

的床单是指人体直接睡在上面的那块织物，需要经常更换清洗。

传统枕套——有别于（需要经常换洗的）普通枕套的装饰性枕套，它们通常放在普通枕套和床罩的上面显示出来。如果是普通枕套，就应该藏在床罩下面，这样床面才能显得整洁。传统枕套是卧室重要的装饰元素之一。靠枕不一定只是放在沙发或者椅子上，它们还可以沿着地毯边，或者是靠近壁炉的位置随意地摆放。切忌不要放得过于规整，尽量显出"漫不经心"的状态。

床裙——是用来遮掩床具底部的装饰织物，也是卧室的重要装饰元素之一。床裙让床具看起来更加雅致和整洁，那些藏在床底下的杂物因此而消失。一般来说，大床的床裙褶皱应该更丰富些，小床的床裙则只需要简单的套装式。

床头板——很多床具本身已经带有床头板，但是个性化的床头板令卧室更有特点。床头板的材质一般有木质、金属、软包和皮革等，其中木质的床头板比其他材质更加舒适。床头板的最初目的是为了阻挡床头的冷风吹向头部，后来演变为枕头和床品的挡板，并且具有极强的装饰性。床头板可以做成书架形式，方便有睡前阅读习惯的人；床头板也是喜欢斜靠在床上看电视人的依靠。床头板的形状从简单的方形、圆角形，到复杂的法式拱形等，具体形状取决于卧室的整体装饰风格。床头板也是卧室的重要装饰元素之一，它既要融入整体，又要突出自己成为视觉焦点。

床头板

床头华盖——是与床头板配合运用的传统装饰手法，它是一种浑身散发着迷人气质的床头装饰，有时也用于沙发的背后制造古典的浪漫气氛。它的具体做法是在床头墙面与顶棚接近处安装一个类似皇冠的窗帘盒，织物从窗帘盒如瀑布般倾泻而下，被床头板一分为二，从床具（或者沙发）两旁自由垂落地面。窗帘盒的式样千变万化，目的是让卧室更加有魅力。这种装饰手法特别适合女孩子的卧室，让她感觉自己像个生活在皇宫里的小公主。

床头华盖

床头华盖

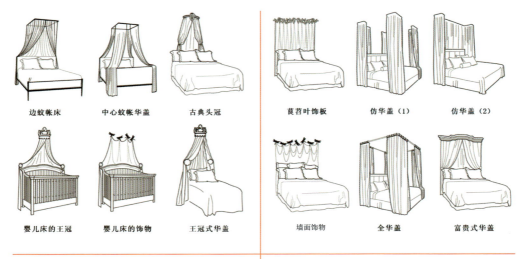

边蚊帐床	中心蚊帐华盖	古典头冠
婴儿床的王冠	婴儿床的饰物	王冠式华盖
莨苕叶饰板	仿华盖（1）	仿华盖（2）
墙面饰物	全华盖	富贵式华盖

华盖种类

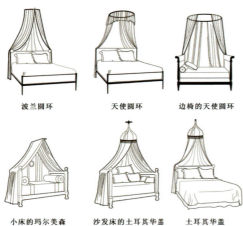

波兰圆环	天使圆环	边椅的天使圆环
小床的玛尔美森	沙发床的土耳其华盖	土耳其华盖

窗帘、帘眉、束带、窗帘杆

Curtains, Curtain Headings
Tiebacks, Curtain Rods

1 窗帘

窗帘的鼎盛时期是在19世纪，当时几乎家家户户都会重视窗帘，因为它与房主的身份与地位息息相关。那时的窗帘已经与垂帘和百叶结合帷幔和窗帘盒而广泛应用。非传统的做法如窗帘杆、吊穗和后扎也很常见。随着品位、流行、经济和窗户尺寸的变化，传统窗帘的式样仍然在大空间里被经常应用。

窗帘是对室内窗户进行装饰的传统手段之一，它与家具、地毯和墙漆同样重要。经过精心设计的窗帘使本来各自为政的饰品统一成一个整体。窗帘的组成部分通常包括窗帘布、窗帘杆、窗帘轨道和窗帘钩等，此外，帷幔和窗帘盒是对窗帘的再装饰手段。窗帘除了具备重要的装饰价值外，还能够减弱紫外线，减少通过窗户进入房间的眩光和降低户外传来的噪音；它也可以掩饰那些形状不太好看的窗户。

窗帘可以通过材质和式样来表现出正式、传统或者现代的气质。例如：丝绸、锦缎或者天鹅绒适合于正式或者传统的装饰风格；棉布和亚麻布则适合于田园随意的装饰式样。为了使窗帘显得更为庄重华丽，传统窗帘还会在其顶部增加一层或者多层布料做成多种垂帘式样，与窗帘组成一个较为复杂的窗帘，这个增加的垂帘叫做顶垂帘。

还有一种装饰性窗帘主要用于装饰目的，它常常用来装饰比较平淡的百叶帘，其功能性相对较弱。装饰性窗帘只需要遮蔽部分窗户，并且一直处于半开启的状态，其悬挂方式通常为窗帘杆式和花扣式两种。

窗帘的制作式样有半截帘（只遮住门、窗的下半部）、层叠帘、内衬帘、隔热帘、褶裥帘、皱褶帘、薄纱帘、背带帘和裁剪帘等。

装饰性窗帘

窗帘的设计式样：

垂直式窗帘——是最常见的窗帘式样，适合于长、短不同的窗户，可以从轨道、窗帘杆、拉线轨道和窗帘盒下面自然垂下，它的顶部可以有笔形褶、法式褶或者高脚杯褶等。

垂地式窗帘——窗帘织物拖到了地板上，如果只是拖几厘米会让人误以为尺寸量错了，所以正确的做法应该是拖15厘米以上。这种做法常见于老式住宅高大的窗户上，如乔治风格的房屋。

垂地式窗帘　　　　　　　　　　　　　　　　　　垂直式窗帘

窗帘后扎——目的之一是打断窗帘的垂直线条，使窗帘看起来更加随意、轻松；目的之二是让更多的光线进入房间；目的之三是防止开窗后被风吹乱窗帘。

窗帘后扎并垂地——如果你想把窗帘后扎，尽量用更丰富一点的方法，如双吊穗，其效果非同寻常；如果能够做到这点，那么还可以让窗帘垂地，其效果将会令所有的客人刮目相看，因为它不仅代表着优雅，还象征着富裕。

窗帘后扎　　　　　　　　　　　　　　　　　　窗帘后扎并垂地

窗帘高位后扎——这种后扎方式适合于高挑的窗帘并且不希望窗帘放下来的情况。它不仅可让更多的光线进入，而且看起来非常的高雅。这种方式常用来掩饰不太好看的窗户上部，并且常用于弧形窗户。

无尾礼服窗帘——又称做拉扎窗帘，是一种装饰性的夸张手法，常用来强调或者制造某种特殊的气氛。例如餐厅里有绿色的桌布和金色的窗帘，那么窗帘的内衬也用绿色，当窗帘以固定的方式拉开后（像无尾礼服），其效果极富戏剧性。这一手法也常用于帷幔和垂花饰。

窗帘高位后扎 无尾礼服窗帘

窗帘的悬挂方式：

轨道式窗帘——可以考虑用拉线轨道，特别是对于较大尺寸的窗帘。如果轨道可以看见，建议把挂钩装下一点，让窗帘遮掩住轨道。

窗帘杆式窗帘——窗帘杆的材质通常有木质和金属两种。窗帘杆的直径应该与窗帘的大小成正比。不可忽视窗帘杆头的式样，它们决

轨道式窗帘 窗帘杆式窗帘

定着窗帘的最后效果，起到画龙点睛的作用。

挑选窗帘时必须考虑的五个因素：

光线控制与窗帘衬里——衬里是窗帘面料的遮阳板和遮挡板，既可以防止面料褪色也可以避免面料外露，它还与窗帘面料一起产生有效的保温/隔热层。衬里的面料取决于光线控制的要求程度。

私密性——能够遮挡住整个窗户的窗帘是私密性的保证。窗帘还可以与各种遮阳帘一起搭配应用，使私密性得到最大的保障。

窗帘面料——决定窗帘面料的几个因素：整体装饰风格、使用频率、私密性、光线控制和悬挂位置等。

帘眉式样——从简单的穿槽式到复杂的高脚杯式，或者是现代感的扣眼式。通常越是复杂的帘眉式样，会越显得正式。

窗帘长度——三种常见的窗帘长度：落地帘（刚要触地，或者离地1~2厘米）、触地帘（触地后增加约2厘米）和拖地帘（触地后增加约15厘米）。一般由整体装饰效果和空间大小来决定窗帘长度，显然小空间不适合拖地帘。

窗帘设计的小贴士

（1）一般来说，越短的窗帘越显得随意，越长的窗帘越显得正式。

（2）丝绸窗帘使房间更具优雅和丰富感，较长的窗帘可以用织锦。

（3）如果用轻薄的织物做窗帘，可以为它加一层内衬，这样不仅看起来饱满和厚重，而且也有助于保温、隔热。

（4）方格图案的棉涤混纺织物适合用于厨房窗户。

2 帘眉 ●●●●●●○○

窗户对于家庭就像眼睛对于每个人一样重要，而帘眉是让眼睛更加美丽动人的关键元素。帘眉基本分为可移动帘眉和固定式帘眉两种，前者可沿窗帘杆拖动，后者通常固定在窗帘杆上原地不动。可移动帘眉包括上/下固定法式褶、荷式褶、内工字褶、高脚杯褶、扣眼、垂褶、腊肠褶等。固定式帘眉包括吊带/吊绳、穿槽式、腊肠褶、笔形褶、缩褶、箱形褶等。

吊带帘眉——吊带帘眉是比较现代的一种帘眉式样，事实上，它的制作和安装都比较简单。吊带一般用相同的布料制作，有时也用对比色的布料来制造更有趣的效果。

　　扣眼帘眉——扣眼帘眉也是一种现代式样的帘眉，制作和安装也很简单，窗帘通过扣眼穿过窗帘杆。

　　垂褶帘眉——垂褶帘眉是指两个吊环之间自然垂落下来的形状，有时候会另外增加面料突出和夸大垂褶的效果。

　　缩褶帘眉——缩褶帘眉是在窗帘顶部通过拉紧的绳索所产生的"缩褶"或者"皱褶"的一种帘眉式样。这样的帘眉式样比较以上两种用料明显增多；这是一种非正规的褶皱式样，适合于现代或者传统的家庭装饰。

　　笔形褶帘眉——笔形褶帘眉是一种正规、通用的褶皱式样的帘眉，褶皱长而紧。这种帘眉式样整洁、有序，用料更多，既可以预制，也可以定制。

　　箱形褶帘眉——箱形褶帘眉呈长方形的皱褶看起来更为正式，效果不同凡响，更彰显高贵优雅。它的外形简洁、流畅，比较适合现代家庭装饰，窗帘宜用厚重的布料。常用于帷幔。

　　法式褶帘眉——法式褶帘眉的特点在于三褶为一组的褶皱，与平直面交替更迭，非常富有吸引力，属于正规的褶皱式样，整体形象整齐、规矩。

吊带帘眉

扣眼帘眉

缩褶帘眉

笔形褶帘眉

箱形褶帘眉

法式褶帘眉

①
②
③

　　荷式褶帘眉——其他与法式褶帘眉一样，只是褶皱由三褶改为二褶。

　　穿槽式帘眉——穿槽式帘眉是让窗帘杆或者窗帘轨穿过预先缝制好的槽孔，褶皱沿着这条槽孔自然形成。由于这种非正规的褶皱式样不能让窗帘自由地滑动，因此只能用窗帘钩将窗帘收束起来。这种帘眉式样难以用厚重的布料制作出美观的褶皱效果，轻薄如薄纱布是最好的选择。

　　高脚杯褶帘眉——高脚杯褶帘眉非同寻常，顾名思义，它是由巧妙的缝纫技术缝制出一连串生动有趣的高脚杯形象。这种正规的褶皱式样只能用窗帘钩将窗帘收束起来，有时用于短帷幕。

　　弗兰德褶帘眉——弗兰德褶帘眉是在高脚杯褶帘眉的基础上加上一条绳子，将每组褶皱的底部连接起来；同样地，它的制作复杂，形象高雅，充满魅力。常用于帷幔。

　　腊肠褶帘眉——腊肠褶帘眉的制作非常复杂，因此，它的效果也是显而易见的；由于这种褶皱生动活泼，特别适合于小巧的村舍木窗。常用于帷幔。

④

⑤

3 束带 ●●●●●●●●

束带对于窗帘就像首饰对于女人一样给平凡的窗帘增添了不少魅力。常见的窗帘束带有以下几种方式。

布束带——传统的布束带通常与窗帘面料相同；如果选用不同的面料，也可以从窗帘中抽取某一种色彩作为束带的色彩。束带可以简单地打结或者用磁铁吸粘，面料上的饰珠或者刺绣让束带更显高贵。

绳索束带——绳索束带由绳索与尾环组成。它的粗细取决于窗帘的大小与重量，双绳索束带就是为较厚重的窗帘而设计。绳索束带可以通过金属锚钩将窗帘后扎，也可以省略掉绳索束带而直接将窗帘搭挂在金属锚钩上。

布束带

吊穗束带——吊穗束带为窗帘平添高贵与典雅，特别是银色与黑色、金色与褐紫色/米黄/米白，如果添加宝石与饰珠，吊穗会更加迷人。除了作为窗帘的装饰物，吊穗还经常被用于装饰羽绒被或者棉被的四角、沙发或者椅子的扶手、台灯罩顶端、桌巾和餐巾、门把手、抽屉拉手、床立柱、吊扇拉线、法式褶帘眉、花瓶瓶颈、靠垫和餐椅靠背等。更细腻的吊穗装饰手法还包括用它装饰缎带做书签，装饰浴巾和香水瓶等。

串珠束带——串珠束带更像是项链，非常适合于轻质或者纱质窗帘面料。

木质束带——木质束带常常镶嵌铜和金使其更加绚丽夺目。它的常见形状包括圆形、菱形和椭圆形，也有心形和花形等。

金属锚钩——固定在窗户两侧的金属锚钩有如门把手或者拉手一样，有时候装饰有水

单绳索束带

单吊穗束带

双吊穗束带

串珠束带　　　　　　　　　　　木质束带　　　　　　　　　　　金属锚钩

晶或者玻璃饰头，它的位置应该与窗帘杆、帷幔或者窗帘盒的关系协调，同时应该与窗帘杆的材质与式样一致。建议安装锚钩前先目测确定窗帘后扎的高度与宽度，太高或者太低，太远或者太近，都会破坏窗帘的整体效果。

4 窗帘杆 ●●●●●●●●

　　很多人都知道不少美化家居的装饰手段，不过很少人知道如何通过打扮窗户来提升装饰的品位，让家看起来更舒适和更迷人。只需要那么小小的一件装饰物品，家的感觉立刻变得与众不同。每个人都可以设计出自己的窗饰，一个漂亮的窗饰必须通过选择恰当的窗帘杆方能体现出其完美无瑕。改变一副窗帘杆的杆头就能轻易地让房间的面貌大为改观：将球形的杆头变成涡形花纹，房间的形象立刻由简单变得雅致。雅致的窗帘杆能够让一块普通的窗帘面料变得高贵许多。与过去不同，今天的窗帘杆种类齐全，适合于任何装饰风格。

　　窗帘杆通常比窗户边框两边各多出10~15厘米，并且安装在距离窗户上边框5~10厘米的地方，或者安装在窗户上边框与顶角线之间偏上一点的地方。窗帘杆安装得越高，窗户和顶棚也会显得越高，这是在视觉上增加层高的方法之一。

　　常用的窗帘杆种类有：弹簧张力杆、腰带杆和磁力杆等。

　　弹簧张力杆——款式多样，安装简便，适应范围广。

　　腰带杆——腰带杆的装饰可能性更大，适合于做出许多漂亮的褶帘花样。

　　磁力杆——可选择范围小，安装简便，适合于金属门、窗。对于

实木窗帘杆

锻铁窗帘杆

非金属门、窗，可用胶水粘上。

　　常见的窗帘杆材质包括实木、塑料、锻铁、不锈钢和黄铜等。不同的材质应该与房间的整体装饰风格协调一致。

　　实木窗帘杆——实木的整体造型质朴、典雅，给人以亲切、自然的乡村气息。实木的表面处理颜色应该与房间的实木家具和实木地板取得一致。

　　锻铁窗帘杆——锻铁杆头通常有卷曲造型和球状造型两种，它的适应能力非常强，它所蕴藏的永恒魅力，使得它既能够与田园乡村小舍融为一体，又能够与典型的现代居室相得益彰。

　　不锈钢窗帘杆——不锈钢是相对现代感较强的材质，适合于浅色的窗帘面料，如薄纱之类，反过来也衬托了不锈钢的金属特质。

　　黄铜窗帘杆——黄铜给窗户带来醒目的闪亮金属感，无论是什么房间，都能够给人以典雅和尊贵的深刻印象。它在所有的材质中，附加值和象征意义是绝对的冠军。

不锈钢窗帘杆

黄铜窗帘杆

帷幔

Valances

　　帷幔就好像是油画框，使窗外的景色成为画中美景。帷幔是直接用柔软的织物做成的横跨窗户顶部的水平装饰板，它通常带有内衬或者衬里。它还可以像窗帘一样打褶做成各种褶皱。帷幔的轨道可以直接装在窗帘轨道的前面，也可以用托架把木板与墙体固定，然后在木板上固定窗帘轨道，最后用尼龙搭扣把帷幔粘在木板的前沿。

　　帷幔的式样包括平板式、褶裥式和平行绉缝式等。有时用棉纸填充帷幔内衬做特殊造型。对于小窗户，简单的皱褶荷叶边就够了；对于大窗户，帷幔的宽度大约是窗帘长度的1/6。

　　帷幔的位置与其式样同样重要。为了让短窗户看起来更长，帷幔的底部应该刚刚遮住窗户的顶部。为了让高窗户显得短些，帷幔需要尽量下移挡住部分玻璃。帷幔的尺寸原则是：帷幔不应该遮盖窗户超过1/3，否则窗户会显得被织物所淹没。如果有两层楼高的窗户，可以考虑用双层帷幔把窗户一分为二。

　　值得注意的是，虽然帷幔本身很漂亮，但它也应该与室内其他装饰物协调、一致。除非你想让它成为室内的视觉焦点，否则不要让它过于突出和复杂。

❶ 帷幔的褶裥式样 ●●●●●●●●

　　帷幔的褶裥式样常见的有：

　　气球帷幔——双层布料在等距拉线的两边聚拢，中间鼓出如气球状，由此而得名。为了加强效果，气球的里面还可以填充棉纸或者其他柔软的材料。气球帷幔适合用轻质的棉

气球帷幔

垂花饰帷幔

布制作，布料的图案以条纹效果较好。

折叠帷幔——属于非常正式的帷幔，可以用稍微厚重一点的布料制作，有利于保持其形状。折叠帷幔要求小心裁剪和镶衬，同时也要求用更结实的支架把帷幔与墙面固定。

垂花饰帷幔——是所有帷幔装饰手法中最富有灵性的帷幔形式，它所产生的视觉效果也是最激动人心的。垂花饰的织物绕过窗户上部两端的支架并且垂下产生中间皱褶，织物两头绕过支架自然下垂。垂花饰本身不需要任何装饰，它仅仅依靠本身织物的皱褶就可以鲜活动人。为了增加装饰效果，我们还可以为织物添加镶边、吊穗和流苏。垂花饰帷幔可长可短，根据整体窗户和窗帘的大小而定。

传统的窗帘和帷幔曾经在美国家庭中非常盛行，但是，当它们用在一起的时候常常会给人以拘谨和沉闷的印象，并且出现与时代脱节的趋势而渐渐地淡出人们的视线。不过，当室内设计本身缺乏亮点的情况下，窗帘和帷幔仍然是家中唯一的图案和色彩。窗帘和帷幔并非一定意味着传统古典，如果我们对窗帘和帷幔稍加改进的话，它们仍然能够适应现代装饰的需求，并且创造出许多令人意想不到的惊喜。

在儿童卧室或者活动室里，帷幔可以制造出各种各样有趣的创意。例如在女童房里的帷幔上面，我们可以粘上粉红、橙色和绿色的垂花饰，最后的效果是随意和典雅的完美结合。儿童房通常喜欢鲜明的色彩组合，这个时候的窗帘和帷幔可以发挥其独特的作用。如果想把蓝绿色与橙色组合在一起，那么可以用蓝绿色的窗帘配合橙色的帷幔，并且在橙

奥地利式垂花饰帷幔

帝国杆式垂花饰帷幔

维多利亚式垂花饰帷幔

① ② ③

色的帷幔上面缝上几条蓝绿色的珠链，这样两种对比色方能融为一体。

　　尽管镶有蕾丝边的窗帘看起来有些过时和累赘，然而，它确实是乡村农舍和陈旧雅致的浪漫标志。今天，很少有人愿意把自己的家装饰成老祖母的式样，但是，我们仍然可以从窗帘和帷幔中间去发现新的、意想不到的生命力。比方说，现代感十足的黑色帷幔，或者干脆就用窗帘盒。

② 窗饰 ●●●●●●○○

　　窗饰是家庭装饰中最重要的手段之一，其中的窗帘和帷幔好像永不凋谢的常青藤。帷幔与窗帘本质上好像差不多，帷幔只是比窗帘短了许多。帷幔可以与窗帘并用，也可以单独使用。一个格调高雅的窗饰正是窗帘与帷幔的美妙组合。常见窗饰的四种组合方式为：

　　素色与印花的组合——它可能由印花窗帘和素色帷幔组合而成，也可能由素色窗帘和印花帷幔组合而成，你可

④

⑤ ⑥ ⑦ ⑧

⑨ ⑩ ⑪

以选择一种与窗帘色彩相近的印花织物，或者是与其他织物不冲突的深色调。

不同质地的组合——它由不同质地的窗帘和帷幔组合而成，比方说，丝绸的窗帘与镶有蕾丝花边帷幔的组合，或者是缎子帷幔与蕾丝窗帘的组合。当然，你可以用粗糙、厚重的织物与轻薄的织物相搭配，也可以用提花窗帘与塔夫绸帷幔相搭配，或者用绳绒窗帘与丝绸帷幔相搭配等。

同一色彩不同色调的组合——这是指通过运用某一色彩的不同色调，产生独一无二的窗饰多层次感。具体的做法是：选择较深色的窗帘配上较浅色的帷幔，或者反之。

各种印花的混搭组合——这是一种相对较难的搭配方法。如果搭配得当，不同花色的窗帘与帷幔能够很好地融为一体。比方说，印有儿童玩具的窗帘织物配上印有英文字母的帷幔，或者用条纹图案的窗帘配上波尔卡斑点图案或者是棋盘格图案的帷幔。不过最佳的结果往往需要经过反复比较方能取得。

⑫

① 半截帘与箱形褶帷幔（上部）
② 笔形褶帷幔
③ 法式褶帷幔
④ 披肩式帷幔
⑤ 蝴蝶式帷幔
⑥ 领带式帷幔
⑦ 平板式帷幔
⑧ 平行约缝式帷幔
⑨ 缩褶帷幔
⑩ 箱形褶帷幔
⑪ 遮篷式帷幔
⑫ 折叠式帷幔

8.4 窗帘盒

Cornice Boxes/Pelmets

窗帘盒出现于18世纪，专门用来装饰富丽堂皇的窗帘。窗帘盒在家庭室内装饰中扮演着重要的角色，它不仅改变了窗户的形象，也改变了整个空间的外观，并且使得整体装饰效果更趋完美和统一。面板的形状由简至繁，千变万化。传统的窗帘盒面板常用实木，工匠们在其上雕刻、修边或者镀金，更多的是在木板表面饰以装饰浮雕，然后经过打磨处理之后，擦色、上漆。普通一点的窗帘盒则用硬衬布制作底衬或者底板，然后在其表面覆盖布料。后来更普遍的做法是用实木板、中密度板、木夹板或者石膏板，表面再做装饰处理。传统的窗帘盒还有一种与顶角线接合在一起的做法，使窗帘盒看起来与顶棚联为一体。

窗帘盒是将窗帘顶部和轨道等遮掩起来的装饰手法，比帷幔看上去更正式和庄重，它是一个由三块硬板组成U字形的盒子形状。对于直线面板，其面板垂直高度不应大于窗帘总长度的1/6；对于造型面板，这个高度可以适当减少。窗帘盒必须量身定做，不能与左、右墙面有任何缝隙。虽然窗帘盒是一种传统的窗户装饰手法，但是它们仍然可以成功地应用在现代和当代风格的室内装饰中，特别是当它的式样和色彩非常简洁和明快的时候。

用布料覆盖窗帘盒面板很像是给礼品盒包装，也像给油画制作底板，需要绷紧、拉平，不得有任何的褶皱和波纹出现。在底衬或者底板上用钉枪钉牢，并且用胶水辅助牢固。覆盖底板还可以尝试油漆或者用壁纸。常见的装饰手法是从房间内的床罩、靠枕或者床单等织物中提取某一种或者两种色彩作为窗帘盒的布料色彩，也常用与窗帘相同的布料作为窗帘盒的面板布料，从而达到装饰效果的高度统一。注意布料的色调深浅保持平衡，深色的窗帘盒使得顶棚在视觉上降低。一个完美的窗帘盒取决于它是否与窗帘的搭配达到高度的和谐统一。

窗帘盒式样

窗帘盒通常划分为硬窗帘盒与软窗帘盒两大类，还有一种传统窗帘盒叫装饰垂纬。

硬窗帘盒——硬窗帘盒的面板只粘贴一层布料，无褶皱或者褶边，外观坚硬，适合于装饰遮阳帘。如果是木板窗帘盒，可以直接在其表面做擦色或者油漆，或者用与窗帘相同的布料覆盖。

软窗帘盒——软窗帘盒的面板布料后面还有软衬垫，有下垂的褶皱，外观柔软，看起来有点像帷幔，故也称做帷幔窗帘盒，适合于装饰窗帘。人们常常用穗带、坠珠或者流苏来装饰软窗帘盒面板布料的底边。对于较高大的窗户，窗帘盒还需用垂花饰来增加其优雅和高贵气质。

① 硬窗帘盒　② 实木窗帘盒　③ 饰以装饰浮雕的实木窗帘盒
④ 软窗帘盒　⑤ 应用于转角凸窗的软窗帘盒　⑥ 应用于八角凸窗的硬窗帘盒

装饰垂纬——很多人从未听说过还有一种窗帘盒叫装饰垂纬。这是一种更复杂和古典的窗帘盒，它特别适合于小型窗户，常常与卷帘或者罗马帘一起配合应用。装饰垂纬实际上就是带有两个下垂侧翼的窗帘盒，两个侧翼可长可短，最长可达窗台。两个侧翼基本与两边的墙面平齐，并且用木龙骨在其背后作支撑。装饰垂纬好像安装在窗户上的大相框，造型变化多端、质朴典雅。也有一种装饰垂纬只有单边下垂，视窗户的大小和整体风格而定。

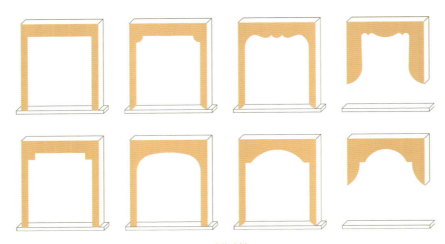

垂纬式样

装饰垂纬

单边装饰垂纬

近年来，家庭装饰对窗户遮阳的需求已经从传统的窗帘转向更加优雅、清新的遮阳帘和百叶，其中以种植园式百叶的兴起尤为引人注目，原因之一在于其双重功能：既通风又隔热。新兴的各类织物的材质使人更容易联想起传统的卷帘。一些更新的材料，如编织木/竹木也得到了广泛的应用。这些材料编织的遮阳帘不仅营造出田园/乡村风格的氛围，而且能够满足遮阳的功能要求；更为重要的是，这些遮阳帘和百叶能够适应任何窗户的尺寸、规格和式样。

卷帘——卷帘是窗户最有效的保护隐私和遮挡光线的装饰方法之一，它也是最早出现和最经济的遮阳帘之一。卷帘也被称做霍兰帘，因为最早的卷帘布料就叫做霍兰。卷帘几乎可以用任何布料来制作，如果它的颜色与周围一致，你几乎感觉不到它的存在。卷帘布料可以浆硬，也可以夹层；它可以印染，用对比色布料或者穗带锁边，底边还可以做各种造型。常见的卷帘颜色为白色或者米白色。

卷帘的布料围绕一个滚轴卷起，通过弹簧或者拉绳来控制升降。关于卷帘的拉杆或者拉绳，如果它们伸出太远，有可能把卷帘挂破。这种情况常常出现在卷帘安装在窗框内时，如果把卷帘改成用支架安装，远离窗户，就可以避免这一问题。

最常见的卷帘是安装在窗框内，如果窗框实在太小装不下卷帘，也可以安装在窗框的外面，这种卷帘的两边应该比窗框多出5~6厘米，而且还可以考虑为这种卷帘装个窗帘

卷帘

盒。卷帘的底部可以设计出很多式样，使它看起来更加吸引人。

　　罗马帘——罗马帘越来越受到大众的欢迎。罗马帘的历史可以追溯到古罗马时期，它既可以做成古典的式样，也可以做成很现代的感觉。罗马帘有几百种色彩可供选择，有拉下和拉上两种开启方式。它既可以装在窗框内，也可以放在窗框外。当它在窗框内安装时总有部分织物外露从而会遮掉部分窗户。

　　当罗马帘完全放下的时候，它的表面平整，长度与宽度均无泡状褶皱。罗马帘是通过拉动帘布背后的绳索与等距的水平杆来控制升降。当罗马帘升起时，布料整齐地折叠起来。无论罗马帘安装得多高，你都可以通过拉绳轻易地升降它。罗马帘的宽度最好不要超过1.5米，因为太宽会造成升降困难。

　　罗马帘只需要普通窗帘的一半织物，大部分织物都适合于罗马帘，只要织物不是太硬或者太厚。有时候垫入衬里使它更有立体感，或者使它完全遮光。罗马帘本身已经非常典雅，当它的色彩与周围形成对比时，装饰效果会更突出。罗马帘通常为乳白色或者淡褐色；如果需要完全遮挡住光线，可以选择不透光的内衬。给罗马帘锁边或者饰边可以增加装饰效果。为了使罗马帘看起来更饱满，可以让帘布的横向充满泡状褶皱，这种罗马帘叫做平行绉缝式罗马帘。

　　布帘——因为它丰富多彩的褶皱和造型，布帘是所有遮阳帘中最具魅力的传统遮阳帘形式，其中以奥地利帘和花彩帘最为引人注目。

↑罗马帘
←带帷幔的罗马帘

奥地利帘

燕尾云帘

奥地利帘盛行于18世纪的洛可可时期，很多人认为它过于烦琐和难控制，但是它确实是一种优雅的古典布帘款式。笔形褶是奥地利帘最常用的帘眉。奥地利帘通过缝在帘布背后的绳索控制升降。一种称做燕尾云帘或者云帘的布帘实际上是在省略掉奥地利帘最外边的两根绳索后，当布帘上升时两边下垂如燕尾一般。

花彩帘

花彩帘与奥地利帘非常相似，其不同之处在于横向和竖向均充满泡状褶皱，而奥地利帘只有横向充满泡状褶皱，所以花彩帘比奥地利帘要多用一倍的布料。

水平百叶帘——又称威尼斯遮阳帘，它是最有效和最经济的遮阳帘之一，曾经风行一时。木质百叶帘表现出自然、温馨和传统的意味；金属百叶帘显示出现代工业的气氛，它适合于浴室和厨房的窗户。水平百叶帘只有打开、关闭和升起三种状态，注意它升起后会遮挡

水平百叶帘

种植园式百叶帘

垂直百叶帘

掉部分窗户，尤其是木质百叶帘遮挡的部分更多。百叶帘条板的宽度与窗户的尺寸成正比。

仿木百叶由100%PVC材料或者PVC与木混合的材料制作而成，100%PVC相对PVC与木混合的百叶较便宜，但是没有后者耐用。种植园式百叶仍然带有经典的南方式样。在过去的几年里，它有更多的材料可供选择：有传统的实木材质、仿木材质和全塑材质，还有PVC与木混合材质。这是一种价格最贵的遮阳方式之一，同时也是最漂亮的百叶之一。迷你百叶帘100%用铝材制作。这是一种应用最为广泛的遮阳帘之一，价格也非常平民化。

垂直百叶帘——垂直百叶帘可以挡住直射阳光，但是仍然保持室内的光线充足，这个特点对于保护室内家具非常有效。家庭装饰适合采用9厘米宽的垂直条板。越贵的垂直百叶质量越高，也会更平稳和更牢固。你也可以选择电动垂直百叶帘，它可以配合窗帘一起应用。垂直百叶帘非常适合于推拉玻璃门。如果选择织物叶片，则既可以保护隐私，又可以让光线透过；如果选择塑料叶片，则完全遮挡住了光线。垂直百叶帘既可以向左或者向右开闭，也可以从中间向两边开闭。

常见的遮阳帘有：

钩针编织帘——现代人几乎快忘记钩针编织的美丽，也有人认为它是祖母时代的装饰品。钩针编织确实是一门古老的手工织品，它在世界上许多地方都存在。我们最熟悉的钩针编织至少在15—16世纪就已出现。那时的编织材料以蚕丝与亚麻为主，有时候会添加金丝和银丝来增加其价值。今天的编织材料基本为棉花和人造纤维。传统钩针都是手工编织，现代钩针则基本是机织。今天已经很难在传统钩针编织产地找到钩针手工艺者了。

用钩针编织做成的窗帘或者遮阳帘无论从里还是从外观看效果均一样。由于其天生丽质，我们无须为其做任何辅助的装饰处理。钩针编织能够有效地保护隐私而不会遮挡光线，因为其通透性而常用做薄纱窗帘。它同样适合用于卷帘、罗马帘和花彩帘。此外，它还普遍用于床罩、桌布和沙发装饰等。

折叠帘——折叠帘是通过拉绳穿过浆硬的织物折叠后所产生如手风琴般的拉伸方式来操作的一种遮阳帘。它具备所有遮阳帘的优点，尤其是当它被放下后折叠的织物比普通百

折叠帘

叶帘更有魅力，因此成为多年来遮阳帘的首选。折叠帘比百叶帘更具现代感，也更柔和，适合于小窗户。另外一种叫蜂巢帘的是将两张折叠帘背靠背黏合起来，从侧面看如同蜂窝形状，中间的空气囊起到很好的保温和隔热作用。折叠帘和蜂巢帘色彩丰富，可以与传统窗帘配合应用。记住质量好的价更高，也更经久耐用。

竹帘——竹帘由绳索把细竹条编织成片状而成，它给遮阳帘带来更多的选择，特别是竹帘自然、简洁和淡雅的视觉效果使它越来越受欢迎。现在的竹帘材料其实还包括藤条、黄麻、仿木纹和编织木帘等，购买时必须确认清楚。竹帘的开闭方式只有卷帘和罗马帘两种。竹帘卷起后所占用的窗户面积较少，放下后能够平坦地遮掩整个窗户。竹帘适合于几乎各种装饰风格，你可以根据不同的装饰风格来挑选不同的颜色和肌理效果。编织木/竹帘分有背衬和无背衬两种，是当今最文雅的遮阳方式之一。编织的图案种类繁多，价格也随之不等。

竹帘

8.6 桌布、桌巾、餐桌布置

Table Cloth, Table Runners, Table Setting

① 桌布 ●●●●●●○○

桌布既可成为餐桌的装饰织物，也是餐桌的保护物。不过如果用桌布掩盖异常精美的餐桌显然不是明智之举，除非桌布也是非常精致的天鹅绒之类高级织物。所以，桌布的品质应该与餐桌的价值相对应。

对于不同的节日和季节，我们通常会使用不同的桌布，其装饰作用绝对让人印象深刻。例如圣诞节的餐桌应该选择带有红、白色调，并且印有与圣诞有关图案的桌布。传统的白色钩针编织桌布非常适合于田园或者维多利亚的餐厅装饰风格。

桌布

传统桌布的材质通常为底色是白色的棉布或者棉涤混纺，现在的桌布花色更为丰富。桌布的色调和图案应该与餐桌上的餐巾、餐具、饰品和餐椅垫套等保持一致。当你在家宴请客人时，除了餐桌上的佳肴，桌布是吸引人们眼球的另一主角。

桌布对于家庭装饰的重要性不言而喻。需要注意的是：要耐心比较不同的尺寸、形状和图案来做出最佳选择，同时，桌布的色彩和图案与整体装饰风格应协调一致，从而达到完美的最后效果。

② 桌巾 ●●●●●●○○○

桌巾是横跨餐桌面的一块布条，主要作为餐桌的装饰物，它的颜色基本以红色为主，象征着王权和财富，图案以水果和蔬菜为主，这一传统沿用至今。桌巾起源于中世纪国王招待客人铺在餐桌上保护桌布的措施。随着时间的推移，桌巾的装饰作用已经大大超过了其本来的功能性，并且变得越来越精致和优雅，而且还添加了吊穗。所以也有人将桌巾横搭在床脚或者斜搭在沙发扶手和坐垫上起装饰作用。

桌巾　　　　　　　　　　　　　　　桌巾的应用

　　桌巾可以用作放调味品的餐垫，或者作为餐桌分隔带。它是餐厅里重要的装饰元素之一，不过它应该是最后一个确定的元素。市场上常见的桌巾材质有涤纶和丝质两种，它们分别代表了普通和高级两种桌巾，不过它们需要触摸方能区分开来。

　　红色或者其他颜色的桌巾放在白色的桌布上面会格外醒目。桌巾常常伴随着花瓶、烛台，或者储藏罐一起摆放在餐桌上，同时也是为了防止它们刮坏餐桌面。所以，桌巾适合放在质量非常好的餐桌上面，既保护了桌面，又展示了桌面美丽的木纹。也有人把桌巾用于斗柜、边柜和咖啡桌等。

　　作为餐厅和厨房里最为醒目的装饰元素之一，要选择一条合适的桌巾并非易事。桌巾的色彩与图案必须与同空间的其他饰品协调统一；东方风格和维多利亚风格的桌巾最为常见。购买时注意，桌巾的两端应该各自垂下桌面约15厘米；如果桌巾是放在桌布之上，前者的颜色应该深于后者。一个家庭应该准备多条桌巾以备不同节日和庆典之需。

❸　餐桌布置 ●●●●●●◉▬

　　餐桌布置是关于摆放餐桌上的桌布、桌巾、餐巾、餐具和酒杯等的一门学问。一个令人印象深刻的餐桌布置不仅仅是简单地摆放餐巾和餐具，它其实是一件富有鲜明个性和独特创意的艺术品。

桌布、桌巾、餐垫与餐巾

无论是正式还是非正式的餐桌布置都有四大基本元素需要考虑：

色彩——无论是普通的家庭聚餐、工作午餐还是婚礼，色彩都扮演着极其重要的角色。色彩包含在桌布、餐巾和银质餐具等物品当中。这些物品既可以融为一体，又可以彼此对比。但是如果餐巾的色彩与桌布的色彩互相碰撞，那么人们对于那些美食的食欲就可能会大打折扣。

中心饰品——一个激起兴奋情绪的餐桌靠中心饰品来点燃。中心饰品可以是一个鲜花盛开的花瓶、一只堆满鲜果的瓷盘，或者是一对别具一格的烛台等。更有创意的中心饰品会给人留下更深的印象。你可以把无烟无味的蜡烛漂浮在一碗水池中，也可以收集一些干燥的松果漆成金色，或者用一些小树枝与鲜花做成插花艺术品放在餐桌中央，你还可以根据季节来装饰餐桌，如鲜花用在春夏，干花用在秋天，冬青树枝用在冬季，诸如此类。具

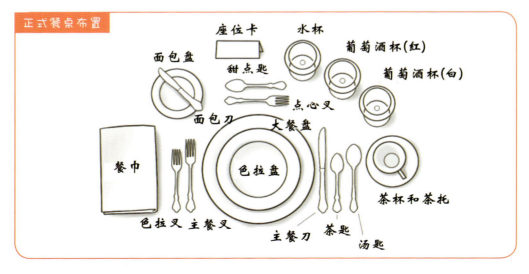

正式餐桌布置

座位卡　水杯　葡萄酒杯(红)　葡萄酒杯(白)　面包盘　甜点匙　点心叉　面包刀　大餐盘　餐巾　色拉盘　茶杯和茶托　色拉叉　主餐叉　主餐刀　茶匙　汤匙

正式餐桌布置　　　　　　　　　　浪漫双人餐桌布置　　　　　　　　　　婚宴餐桌布置

体内容应该参考餐会的目的和来宾等。

　　创意——一个给人深刻印象的餐桌布置离不开独具匠心的创意。并非只有用奢侈和昂贵的餐具才能够有创意，很多时候，简单的餐桌布置也能让宾客交口称赞。成功的秘诀就在于创意，餐桌布置的法则之一是不要循规蹈矩。

　　概念——在考虑以上诸项元素的时候，应该明确这次餐会的目的和主题。例如餐会是为新生儿举办的送礼会，为小宝贝举行的生日派对，为营造一个热带海洋的气氛，为模仿一种田园情调的氛围，还是自助形式的晚餐等。一旦确定了主题，剩下的一切均围绕它而展开。传统的餐桌布置已经被礼仪专家们实践过无数次后被确定为标准的餐桌布置模式。所有的餐盘和刀叉均应该离开餐桌边沿保持约2.5厘米的距离。餐巾可以折叠后直接放在餐盘的中央，或者酒杯里。如果不会折叠餐巾，可以用餐巾环或者缎带将餐巾束紧放在餐

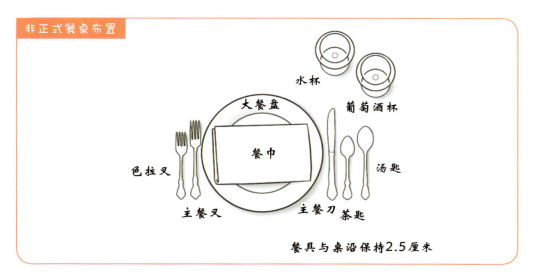

非正式餐桌布置

水杯

葡萄酒杯

大餐盘

餐巾

色拉叉

汤匙

主餐叉　　　　　　主餐刀　茶匙

餐具与桌沿保持2.5厘米

非正式早餐餐桌布置　　　　　　　　　　　　　　　　非正式餐桌布置

盘边。富有创意的折叠餐巾不仅反映了主人的用心，而且体现了主人的品位，令人印象深刻。所以在餐桌布置的所有元素当中，不可忽视餐巾的角色和作用。

　　为特别节日或者派对而准备的一套闪亮的高级刀叉会在燃亮的烛光下熠熠生辉，格外诱人。高脚玻璃杯既可以用于盛红酒，也可以用于盛白开水。为每个座位配备一块单独的餐垫会令人感受到主人的用心，也能够让桌布更加迷人，让美食秀色可餐。

　　对餐椅的装饰要视餐厅的整体装饰风格和色调而定。大多数情况下无须为餐椅专门装饰。但是如果在圣诞节的晚餐上，在餐椅的靠背后面扎上闪亮的金箔装饰，或者用缎带打成花结都是不错的主意。你可以决定是否只给首席装饰，还是给所有的餐椅装饰。

我们人类从一开始就生活在绿植环绕的大自然环境之中，所以，生机盎然的绿植总能让我们的心情变得舒服和愉悦，只要有一两株绿植，我们的家就会立刻变得充满活力。最新的心理学研究证明，绿植有助于缓解人们的精神压力。

观叶植物适合于填补房间里那些无用的死角，自己成为活的雕塑。有些难以处理的大面积空墙面正好成为如龙血树这种雕塑感极强的植物的绝妙衬托背景。茂密的观叶植物，如无花果属植物，当紧密地排列在一起的时候，能够成为极好的隔音和阻挡视线的屏障；当然，它们也能够很好地遮掩不雅观的设备管道、电源线和难看的墙体。如果房间够大，选择一颗硕大的标本植物能够制造出某种震撼的效果。

观花植物具有鲜艳的色彩，特别是凤梨科植物，非常适合于需要色彩点缀的地方。

蔓生植物适合于装点搁板和嵌入式书架之类柜体。

栽种和养护室内绿植并非想象的那么难。需要注意的是，尽量选择那种用水量较少，并且很少需要修整的室内绿植。许多室内绿植甚至不需要施肥，而且在普通室内光线下也能生长良好。

室内植物

不同的室内绿植生长的速率不同。生长快的绿植需要更换花盆的次数自然多些，有些生长过快的绿植甚至会胀破花盆；生长缓慢的室内绿植无须过多关照，适合于用做固定的视觉焦点。

不是所有的花卉都有同样的开花期，因此，应该搭配选择不同开花期的花卉，这样就能保持家里四季如春。

虽然大多数绿植都有天生的防虫本领，但是某些虫害仍然需要定期检查，并用杀虫剂妥善处理，或者只是简单地清除掉。另外一个造成绿植枯萎的常见原因就是：不是施水不够，就是施水过多。这就需要充分了解各种绿植的需水量，保证绿植所需的水分。

大多数的室内绿植都具有吸收二氧化碳和释放氧气的功能。生机勃勃、绿意盎然的室内绿植能够营造健康、旺盛的生活氛围；用室内绿植来装饰家居的主要作用有：美观、添色彩、增活力。

室内植物

花瓶
Vases

　　每个人都有自己喜爱的饰品，有人喜欢窗帘，有人偏爱花卉，还有人热衷于靠垫。除此以外，陶瓷花瓶是一件非常神奇的饰品，既可以放在角落，也可以置于房间的中心。易碎恐怕是陶瓷花瓶的唯一缺陷。与其他材质的花瓶不同，由于陶瓷花瓶的传统用途、相对牢固和适应性，它是能够轻易地将室内、外空间联系在一起的媒介。关于陶瓷花瓶的几条有益建议：

　　（1）如果房间的背景墙面色彩较深，那么选择浅色光亮的陶瓷花瓶；如果背景色较浅，那么选用对比深色的花瓶。

　　（2）如果房间的空间尺度较大，那么可以在房间的中央摆上一张圆桌，上面放上一只大号的陶瓷花瓶。

　　（3）插花花瓶的颜色应该与花卉协调，指的是花卉中要有与花瓶颜色相同或者近似的色彩。那种手绘的彩色陶瓷花瓶具有非常鲜明的制造者的个性，适合插花。

　　很多人都在寻找一些小饰品来最后完善自己的家庭装饰设计，玻璃花瓶是个很不错的选择。虽然插满鲜花的花瓶是常见的装饰方法，但如果有足够的想象力和创造力，玻璃花瓶并不一定非得插上花卉。有人放入一点沙子或者鹅卵石，也有人放些贝壳、人造水果，或者只是注入一些有色水。更有创意的想法还有：放入一支蜡烛，塞满葡萄酒瓶软木塞、火柴盒、碎砾石，或者放一株小型绿色植物。

　　不少人会毫不犹豫地选择一个水晶花瓶作为家庭装饰的视觉焦点，或者作为馈赠亲友的礼品。一件品质上乘、制作精美、造型别致的水晶花瓶确实是一件不会出错的饰品，因为水

花瓶运用

花瓶运用

晶本身历来就是高贵与典雅的化身。事实上，花瓶的材质不仅与个人的喜好和品位有关，还与家庭整体的装饰风格息息相关。如果小心规划和谨慎挑选，水晶花瓶可以适应大多数的装饰风格。

各式各样的落地花瓶因其灵活性和适应性而得到普遍的喜爱和应用。

（1）落地花瓶可以放在房间任何一个单调的角落，让这个角落不再暗淡无光。

（2）将3～5个落地花瓶组合摆放，适合于装饰较大的角落，注意花瓶的大小搭配。

（3）在落地花瓶里插上一把干麦草或者几根枯枝，可以增添一些自然的气息和肌理效果。如果插上一把盛开的鲜花，则把春天也带入了家里。

（4）落地花瓶还是落地窗和法式门的最佳点缀，它可以让视线下移，将门窗与周围融为一体。

（5）把落地花瓶放在书架、娱乐中心，或者任何较大尺寸的家具旁边（有时两边各放一只效果更好），让眼睛聚焦，强调了这件需要突出的家具。

大号的花瓶特别适合于起居空间，如客厅和家庭厅，它是房主个人品位的体现。常见的错误之一就是把全家的装饰工程全部重新做一遍，包括改变墙面颜色、地面材料、灯具和窗帘等。其实关注那些让房子看起来更像家的饰品，比如那些能够体现个性的饰品包括镜子、墙饰和烛台等，会得到更好的效果。其中以花瓶的用途最为广泛。

花瓶的形状、颜色、材质和尺寸丰富多样，我们总能找到一只或者几只适合自己客厅的花瓶。那些造型奇特的著名花瓶适合于不插花单独展示，因为它本身已经非常有特色，任何添加物都会显得多余。几只组合搭配的花瓶可以轻易地制造出一个视觉焦点，它们可以布置在壁炉前（侧面）、咖啡桌上，或者是窗台上。

托斯卡纳饰品

Tuscany Accessories

　　源自意大利托斯卡纳、西班牙、地中海地区和古欧洲大陆的家庭饰品以其种类繁多、琳琅满目和高贵典雅而闻名于世。它们赋予了家庭室内空间某种特定环境的情调、气氛或者感受，它们总是能与其他的配饰品，如家具、帷帘、窗饰等完美地融合在一起，这是任何其他类型的饰品所远不及的。

托斯卡纳罐子

　　无论饰品的风格是当代的、都市的、田园的，还是古典的，都能恰到好处地体现出主人的个人品位，加深家居生活的内涵，给家庭装饰注入活力，同时也丰富了空间的表现力。这种高度的统一来自于色彩的运用、材质的对比和饰品的穿插；不过任何时候都要谨记"适可而止"，过多的结果必然是适得其反。

　　虽然饰品被认为属于附属品和辅助品，或者是添加剂，但是，它们在呈现一个完美的家庭空间的完整度方面，却有着举足轻重的作用。你可以大方地将它们散布在房间的各个角落，也可以谨慎地将它们点缀在需要的位置。

　　托斯卡纳饰品包括以下一些常见品种：

　　花瓶、盆、罐、槽——一般用陶瓷、赤陶、石材、陶

托斯卡纳花瓶　　　　　　托斯卡纳金属花瓶　　　　托斯卡纳水果盆

器、宝丽石、树脂、玻璃和铁等制作。它们用于盛装鲜花、干花、人造花、鲜果蔬、干果蔬、人造果蔬，或者是葡萄酒瓶和罐、饰品、手巾等。无论是强烈的，还是柔和的色彩，也无论是粗犷、粗糙的，还是细腻、光滑的表面，它们的应用范围都可以说是无限制和无止境的。

碗、盘——主要用于厨房、餐厅，或者是大房间。手工彩绘的碗、盘不仅可以当作餐具使用，而且可以放在铁架子上展示。其中碗特别适合于盛放水果、蔬菜、邮件、钥匙和零钱什么的。

托斯卡纳托盘

托斯卡纳收纳盒

托斯卡纳烛台

托盘——当不使用它们的时候，把它们用铁架子立起来展示，极富感染力。大号的木质或者金属托盘放在软垫搁脚凳上就成了一个富有创意的桌面；藤条编织的托盘或者篮筐，在招待亲朋好友的时候，里面堆满新鲜的蔬菜、水果，活脱脱就是一个迷你的农贸市场，自然形成了一种轻松、愉快的气氛。

箱子、收纳盒——无论它们是打开的，还是关闭的，也无论是大号的，还是小号的，或者是把一些物品储藏在里面，或者是露出一角让人猜测，总之，箱子、收纳盒天生的神秘感使它让人无法忽略其存在。注意与其他饰品的搭配、组合。

烛台——点燃的蜡烛那温柔跳动的火焰是多么的迷人，惹人喜爱。让我们把它们放在不同的高度，在烛台上，在灯笼里，或者是悬挂在墙壁上。但要注意在尽情地享受烛光带给我们的无尽遐想的时候，请随时把安全放在心上。

照片、印刷品——嵌在精心挑选的相框里的照片，有家人、朋友、宠物、旅游纪念和个人爱好等，那些印刷品可能是建筑和风景等。无论如何，它们都适合于家里的任何位置，特别是走

道、卧室和浴室等，让每位观赏者都能够感受到浓浓的家庭温暖。相框的大小、形状、颜色和材质决定了这组照片或者印刷品的最终展示效果。

镜子——有着精美镜框的镜子本身就是一件艺术品。它能使空间变大、变亮，把室外的景色引入，或者是反射任何美丽的景物。它的形状和大小视空间大小而定，没有限制。

托斯卡纳镜子

时钟——无论是座钟还是挂钟，都给我们带来了时间和某种风格。它那独一无二的特性赋予了它提醒时光与岁月的功能。人们把它放在家里的任何地方都不会让它默默无闻。

餐具——不可随便对待餐具。它们不仅是用来盛食物的，漂亮的餐具还可以作为装饰元素，放在餐边柜里或者搁板上展示。当我们把餐具放在餐桌上面准备开饭的时候，它们就是美好生活的最佳诠释。

植物、花草——无论是鲜活的，还是加工过的植物和花草，总是天生具有质朴的热情。让我们用心地把它们摆放在家里的任何房间，与其他的饰品组合搭配成令人神清气爽和轻松愉快的一景。有人说侍弄花草能使人更年轻。

托斯卡纳时钟

托斯卡纳餐具

托斯卡纳植物

托斯卡纳铁艺墙饰　　　　　　　　托斯卡纳铁艺窗帘杆头　　　　　　　托斯卡纳铁艺烛台

　　铁艺——铁艺在家庭装饰中所占据的无可取代的地位在欧洲已经存在了好几个世纪。直至今日，人们还在不断地发现和创造它的美。铁艺可以被制作成任何形状，赋予它任何的风格和图案，而且其实用性也不容忽视。它能够给任何空间带来某种特定的风格，并立刻成为视觉焦点。常见的铁艺包括挂件、墙饰、搁架、窗帘杆、挂毯杆、相框和镜框等。

　　所谓家庭装饰的主要内容就是要不断地去发掘和探究摆放和搭配各种饰品的视觉美感和精神享受。值得提醒的是，饰品的摆放和搭配并无恒定不变的模式，也无投机取巧的捷径，更无约定俗成的界限，只有不断地打破已有的成规旧俗，吸取优秀榜样的精髓，才能够不断地创造出令人惊喜的作品和发现生活中所蕴藏的美。

　　不要害怕把不同色彩、材质和面料的饰品放在一起，一只有着光亮彩釉的陶罐能够给单调的当代风格注入生命；一个充满乡土气息的陶碗能够在法式田园风格的装饰中独具魅力；一口古色古香的座钟能够融入到古典风格的家中，好像它从来就放在那儿一样。托斯卡纳的饰品就是这样随意和优雅，与任何装饰风格搭配都能够相得益彰。

　　饰品好似美妙的调味品，不过如果用量过多则可能令人反胃。

饰品装饰小贴士

　　（1）尽量选择有品位的饰品，并控制数量，而且品质一定要高。注意不要过多放置好玩或者可笑的饰品，因为最后它们往往会变得有些怪异。

　　（2）桌面保持一定的整洁度，不要让那些小玩意堆满桌面。

　　（3）留给墙面足够的呼吸空间，只悬挂与房间装饰风格一致的饰品。

　　（4）定期变换某些饰品，就好像变换服装款式一样，不要一件衣服穿到底。

那些过去只有在画廊或者艺术博物馆才能欣赏到的艺术品今天已经进入到了寻常百姓家中。一幅充满创造力的油画原作无疑给家庭注入了活力。它几乎可以悬挂在任何房间，特别是客厅、休息室、餐厅和卧室等，它似乎具有把封闭的房间带入到真实生活中的魔力。特别是当艺术品的色彩与房间的主色调达成某种关联的时候，这时候的艺术品已经与整体装饰不可分割，因为它已成为了房间的一部分。

购买艺术品之前首先要确定摆放空间的位置、大小和数量，其次需要确定艺术品的档次与整体风格是否一致，最后还要谨慎地考虑艺术品的色彩与肌理对主人的情感、风格和心理的反映。很多时候，我们选择暖色调是因为它能够提高热情、能量和食欲，那么橘黄色的抽象画、盛开的红色鲜花，或者黄色调的风景画都是不错的选择。反之，当我们希望卧室安静下来，蓝色调为主的冷色调就成为首选，冷色调还能让人产生空间扩张的错觉。

墙挂艺术品是最常见的家庭艺术品，包括油画、壁画和墙挂雕塑等，它们通过图像或者符号来传达信息。浴室是个容易被忽略的私密空间，是个非常适合于悬挂艺术品的

地方，浴室的艺术品最好具有某种安抚和镇静作用。带框油画其实是家庭装饰的主角，小幅油画可以填充在任何地方，比如书架上、走道里，或者直接放在桌子上。

镜子也是一种非常不错的艺术品，当然是指那种镜框精美的镜子。它可以独立摆放，也可以组合混搭，制造某种惊喜。它的特点是通过折射来反映附近的景色，类似于中国园林艺术中的借景手法；它还可以通过反射来自于太阳或者蜡烛的光线，制造浪漫气氛。油画和镜子与壁灯、搁板和花盆可以组合成一幅立体三维的装饰画面，

与沙发套协调的艺术品

① 壁炉上的艺术品   ② 窗边的艺术品   ③ 餐厅的艺术品

因为壁灯、搁板与花盆都有助于增加平面的油画和镜子的深度，这一方法适合于旁边没有家具的情况。

家是展示个人的最好场地，墙面就是画廊，它将直接反映出你的记忆、兴趣、挚爱和个性。如果把家里所有的艺术品比做音符，那么相似的形状、尺寸和等距布置，将产生温和的乐章；跳跃的重音符就是个别大尺寸的艺术品。有时候可把一幅较大的油画作为主角，围绕它选择一些较小的油画作为配角，按照不同的高度与距离调整直至满意为止。通常会把艺术品挂在与站立时的眼睛同水平的高度。竖向的油画能够增加空间的高度，横向的油画能够加大空间的宽度。浓墨重彩的油画适合于放在浅色背景前，而轻描淡写的油画则最好放在深色背景前。

室内艺术品当中，雕塑所占的比例较小。对于雕塑，首先需要考虑它的摆放位置，摆放空间的大小决定着雕塑的尺寸，同时也要考虑家庭装饰的整体风格，包括造型与材质等。其次，那些放在展厅里看起来不错的雕塑不见得放在家里也不错，这是由于展厅与家庭的空间尺度和周围环境不同所致；所以，不要忘记像展厅一样为雕塑配上射灯。最后，切记少而精的原则，有时候一件绝妙的雕塑就足够成为全家的视觉焦点。

决定买任何一件艺术品之前都应该深思熟虑，而不应该只是凭着一时冲动。那种融合了传统与创新的艺术品比较经久耐看。在家庭装饰艺术中，没有比个人的品位和个性更重要的元素。无论何种艺术品，都应该使你回家之后看见它就感到心情愉快。

并没有任何规定说抽象艺术品必须放在现代风格的室内空间，最重要的是应该放在有人能够理解和懂得欣赏它的地方，因为一件大师级作品在外行人的眼里与废品无异。只有读懂了作品，它才能够成为你的一部分。所以要非常确定自己到底属于写实派还是抽象派，这是你选择艺术品的起点。印象派的作品是个折中的选择，它能够适应几乎任何装饰风格。建议在选择艺术品之前多去画廊和艺术博物馆看看，那样能够实质性地提高自己的鉴赏水平。

组合画框

A Group of Picture Frames

　　组合画框是家庭装饰中的高潮部分，也是主人个性表达的常用方式。找到一块适合悬挂组合画框的墙面并不难，难的是如何挂出来既有创意又有品位。组合画框并无固定公式可套，靠的是眼光与感觉，然而一些基本的原则可以帮助我们避免错误。

　　一组画框摆放在一起通常要有一些共同的元素或者共同的特性使它们联系在一起。组合画框的组合原则就是求同存异。这里"同"包括共同的主题（照片或者画作）、共同的形状（长方形或者圆形）、共同的材质（木质或者金属画框）、共同的色彩（红色或者黑

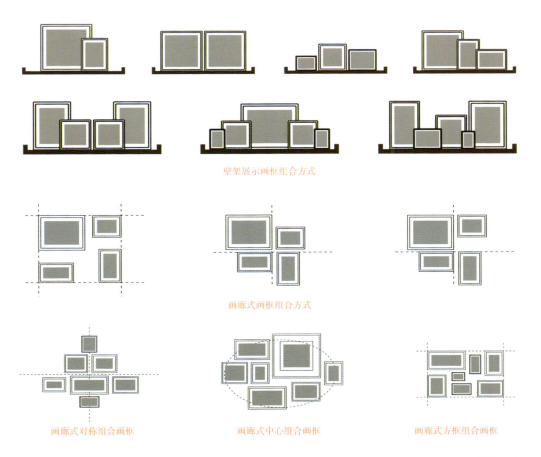

壁架展示画框组合方式

画廊式画框组合方式

画廊式对称组合画框　　　　　画廊式中心组合画框　　　　　画廊式方框组合画框

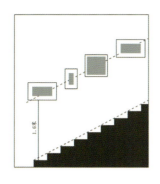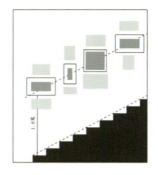

楼梯间画框组合方式

色画框）、共同的媒介（油画或者水彩）、共同的排列方式（排成一队或者围成一圈）、共同的组合形态（一大二小或者一小二大），或者共同的风格（现代抽象或者古典写实）等。"异"是指在已经建立了"同"的前提下，为了避免过于单调乏味而出现的异类，一种吸引你继续看下去的诱惑力。比如在一组同样长方形白色画框里面用一个意外的椭圆形白色画框，或者在大部分黑白照片里面插入一张彩色照片等手法。

　　无论你是想展示家庭照片，还是艺术图画，有几个步骤必须考虑清楚。首先要决定悬挂的位置与高度；然后是选择一个共同要素，或者是共同主题组合在一起；最后是小心仔细地安排它们的位置。

组合画框

第一步，悬挂的位置应该光线良好，无论是自然光还是人工光。

第二步，可能的位置包括：楼梯间、壁架，或者画廊式的展示。楼梯间挂画的错落斜度应该与楼梯的角度一致；壁架展示的画框应该用大小不同、式样不同的搭配方式；画廊式展示方式最常见，在显著的墙面如拼贴画一般地摆放出一组画框。

第三步，选择一个共同主题，例如一个互补的画面主题，类似的画框颜色，或者是相同的几何形状，同样的画面色调等，这样有助于形成一个整体，也能够使人的心境趋于平和。

第四步，在悬挂画框之前应该有一个详尽的安排，可以先用纸片来代替相框，或者把画框放在纸上，不断地调整变换它们直到感到满意为止。

第五步，小心谨慎地在墙上确定每幅画框的悬挂位置，因为一旦确定之后，再想改变它们并非易事。

（1）无论选择何种画框都必须与空间的整体装饰风格保持一致。

（2）画框高度与人站立的水平视线相当最为引人注目。一般会将画框的中心点保持在大约1.6米的高度。将画框的上边沿或者下边沿保持在同一高度会产生更加现代的感觉，不过不要滥用这种方法。

（3）为了避免产生不平衡感，尽量不要将垂直画框放在水平画框的上面，除非垂直画框比水平画框小得多。

（4）保持整体画面平衡是悬挂画框的关键，应避免产生头重脚轻、头轻脚重或者是一边倒。

（5）点缀某些特殊形状的画框、镜框甚至壁灯，将会给整体画面注入更多的活力与个性。

（6）常见的画框展示方式有对称、中心和随意三大类，可以根据需要灵活运用。

（7）对于相同尺寸或者相近尺寸的画框——缩短彼此距离，三个画框采用直线形，四个画框采用正方形，六个画框采用长方形。

对于小尺寸或者不同尺寸的画框——采用水平线对称或者垂直线对称的方式组合。如果采用水平线和垂直线混合组合画框能够产生更有趣的展示效果。

对于尺寸大小不一的一组画框——可以组合成某种几何图形，如正方形、长方形、椭圆形和三角形等。重要的画框放在中心位置，大画框之间用小画框隔开。

对于挂在低矮家具上方的画框——以家具主轴线为画框主轴线，除非家具上面另有饰品需要与之平衡。

（8）以视觉效果来说，水平向组合的画框会使房间延长，而垂直向组合的画框能让房间增高。

（9）当然，你也可以打破以上的条条框框，完全按照自己的喜好来展现自己的个性。

区域地毯对于营造家居的个性化方面有着奇妙的作用。无论你是希望有个温和的还是粗犷的家居环境，区域地毯都能够展现其独特的色彩和美感。它也能迅速地营造出房间的气氛和特性，使得它在装饰领域的应用范围无限延伸。

区域地毯有着各种不同的形状、尺寸和颜色，它可以被放置在任何房间和任何地面。虽然选择区域地毯在很大程度上属于个人行为，但是由于色彩、图案、尺寸和价格，设计师更倾向于来自中国、土耳其、高加索、印度和波斯（今伊朗）的东方地毯。

区域地毯需要考虑的问题包括：

（1）是否将区域地毯作为视觉焦点？

如果是，区域地毯的色彩要求醒目、明亮，并且对比鲜明。圆形地毯更容易让

① 客厅中的区域地毯
② 区域地毯在客厅的应用
③ 餐桌下的区域地毯

区域地毯

人过目不忘。

（2）是否用区域地毯来界定某个区域？

如果是，需要一张足够大的区域地毯来保证所有此区域内的家具全部或者部分地接触到地毯，从而形成一个迷你小区域。

（3）是否需要区域地毯来强调房间的整体色调？

如果是，选择一张表达主色调的区域地毯至关重要；相反的，如果是一个色调柔和的房间，那么可选择一张对比色或者混合色的区域地毯。注意，不要在一间色彩丰富、图案繁多的房间再选择一张令人眼花缭乱的区域地毯。

（4）是否需要提高房间的温馨和质感？

如果是，中性色调和暖色调的区域地毯是个不错的选择，这样的地毯比较适合于划分大空间内的小区域。

一旦确定了选择区域地毯的目的之后，下一步将是确定它的尺寸。用笔和尺记录下所覆盖的区域大小。有时候，斜放的地毯可以制造出强烈的视觉冲击力。

有些非常漂亮的区域地毯甚至可以当作艺术品悬挂于墙面来展示。当然，这样的装饰手段比较适合于随意、非正规的装饰风格，例如西南风格、西部风格、乡村风格，或者是田园风格，还有乡村小木屋等。

（1）浅色细碎图案的地毯能够使空间显得更大。

（2）深色的地毯使得空间显得更加温暖和舒适。

（3）不要局限于长方形的地毯，尝试不同形状的地毯可以产生意想不到的视觉效果，例如圆形、椭圆形、六边形和八边形等。

（4）有图案的地毯比单色地毯更容易与周围取得协调。

（5）花卉图案的地毯给几何造型的设计提供令人愉快的对比。

（6）令人眼花缭乱的地毯比较适合于简单的室内设计。

（7）如果想强调原有地面，选择单色或者原色图案的小尺寸地毯。

（8）如果想弱化原有地面，选择色彩强烈、图案活泼的大尺寸地毯。

（9）如果希望家具成为视觉焦点，选择地毯的色彩应与周围一致（同色挑选）。

（10）如果希望地毯成为视觉焦点，选择地毯的色彩可以更大胆、热烈一些。

（11）对于经常走动的区域，例如过道、前廊和门厅，选择中度或者深色的地毯。

（12）注意区域地毯与其他装饰面料、织品和窗帘之间的协调关系。

（13）对于同一空间多块地毯的情况，注意它们之间的互补性，它们应该具有至少一个共性，如同样的设计、同样的色调，或者同样的尺寸等。

（14）数块小尺寸地毯比一块大尺寸地毯更适合铺在卧室。

（15）浅色、柔和及图案低调的地毯更适合于会客区域。

8.13

壁毯
Tapestries

考古发现，早在古希腊时期就有了壁毯的踪迹。人们从13世纪就开始大量地采用壁毯来装饰教堂、宫殿和城堡。除了装饰作用之外，中世纪的壁毯甚至还用做城堡墙壁的保温层。由于当时壁毯手工制作的难度，只有皇家贵族才能够拥有壁毯。那时的壁毯常常以战场作为主题，也是战胜者的纪念品。如绣有诺曼人征服英格兰场面的贝叶壁毯。由于携带方便，贵族们喜欢让壁毯随他们去到任何新的城堡或者宫殿，并且悬挂起来随时欣赏。

中世纪风格的壁毯主要描述那个时期发生的大事件、狩猎活动、骑士和贵族等，有时还会出现独角兽。它们通常用羊毛、亚麻、棉线和蚕丝等制作。文艺复兴风格的壁毯内容往往在中世纪风格的虚幻故事与现实生活之间纠缠，内容为神话传奇故事，主角非骑士即贵族，但是表达得更理性、科学和抽象，其中以拉斐尔的画作为典型代表。古典风格的壁毯包括了新古典风格和巴洛克时期的艺术风格，这一时期的壁毯主角通常为国王、教皇和贵族，内容为战斗场面、围城场面、历史事件、宗教事件和神话故事等。

①

② ③ ④

赋予壁毯更多活力和自由的是以威廉·莫里斯为代表的工艺美术运动，他所设计的生命之树壁毯装饰着千万家庭，流传至今，成为经典。时至今日，丰富多彩的壁毯已经成为家庭墙面装饰中极具魅力和极富效果的方式之一，它们可以适用于任何风格的家庭装饰。对于古典风格的家庭装饰，可以选择复制古典名画的壁毯；对于田园风格的家庭装饰，可以选择花草、花园之类的壁毯；对于乡村风格的家庭装饰，可以选择狩猎、群山和树林景色的壁毯；对于地中海风格的家庭装饰，可以选择葡萄园和地中海风景的壁毯；对于现代风格的家庭装饰，可以选择几何抽象图案的壁毯，诸如此类。

①~⑥ 壁毯

⑤

壁毯是一种把历史和文化带入家庭的艺术品。目前市场上提供的壁毯包括了法国壁毯、北欧壁毯和托斯卡纳壁毯等。壁毯的款式、花色和尺寸应该由个人品位、整体装饰风格、悬挂的位置和墙面的大小来决定。虽然说壁毯适合用于几乎任何房间，但是仍然需要注意与整体的色调、房间的性质和装饰风格等保持一致。

壁毯特别适合用于装饰那种高大空白的墙面，同时也给房间带来了温暖、色彩与肌理。注意不要让壁毯占据了整面墙，那样会给空间带来视觉上的压抑感；反之过小的

⑥

壁毯则会显得孤立渺小而被忽略。原则是至少让墙面在壁毯的周围露出如画框一般效果的距离。壁毯的另一个重要作用是可以将房间内不同的色彩统一起来，具体的做法是让房间内的色彩在壁毯上有所体现。不过再好的装饰手法都要适可而止，不要过多地应用壁毯，以免让人感到压抑和拥堵。

壁毯

应用壁毯小贴士

（1）悬挂壁毯应该离开墙面，保持约4～6厘米的距离。

（2）对于竖长形的墙面，选择如门帘形状的壁毯，大部分这种壁毯的尺寸约为90厘米×200厘米。

（3）对于横宽形的墙面，常用风景主题的横幅壁毯，如欧洲田园风光、海景或者托斯卡纳风景等。

（4）对于楼梯间这种高度远大于宽度的墙面，壁毯的尺寸也应该相应地调整为竖长形。

（5）壁炉上的壁毯，其宽度最好不要超过下面壁炉架的宽度。

（6）卧室里的壁毯应该以花卉等静物主题为主，通常悬挂在床头或者梳妆台的上面。

（7）一个完整的壁毯应该由壁毯、挂杆、杆头和吊穗组成。悬挂壁毯的挂杆一般为黄铜、实木和铸铁，配上装饰性的杆头，并且在壁毯的两侧增加吊穗。吊穗不仅是对壁毯的装饰，也是对墙面和房间的装饰。

（8）壁毯可以模仿油画，但是它们比油画有着更丰富的肌理效果和色彩饱和度。

（9）由于更换方便，可以购置几块与节日有关的壁毯用于特殊的节日装饰，如圣诞节和万圣节等。

（10）为了保持壁毯的长久美观，应避免让壁毯直接暴露在阳光下。

PART 9

照明设计

Lighting Design

　　照明对于人们的重要性不亚于生命对于每个人。光带给人类希望，同时也是人类赖以生存的基本条件之一。对家庭来说，充足的、温暖的和舒适的照明是家庭温馨的保障，无论是来自于太阳的自然光线，还是来源于灯泡或者灯管的人工光源，都在家庭装饰当中起着决定性的关键作用，因为一个黯淡无光或者炫目刺眼的照明设计都将会给漂亮的家庭装饰带来灾难。

室内照明

Indoor Lighting

　　一个未装饰的家就好像一块空白的画布，你可以在上面画上你最美好的想象。选择恰当的照明方式，就如同在为画布选择色彩一样，首先必须明确要营造出什么样的家庭氛围，这是你在外奔波了一天后回到家最希望看到的景象。自然光和人工照明是一个成功的家庭室内装饰设计的关键因素。其中间接照明往往是解决问题的最好方式，因为它避免了刺眼的眩光。为间接照明而设计的间接光顶棚是家庭影院、视听室，或者地下娱乐室的常用装饰工程之一。在人们放松娱乐和欣赏电影的时候，一点也不会受到光线的干扰。间接照明柔化了过道，点燃了浪漫的感觉，并且缓和了看电影的紧张心情。设计间接照明的创意是无限的，它并不局限于顶棚，它也可以用于踢脚线和地板，光的颜色与亮度直接影响着人们的心情与感受。

　　间接光顶棚是居住和商业室内空间常用的装饰手法。间接光顶棚是靠墙壁安装的轻质装饰线条，藏在线条上的光线通过顶棚反射出来，这种反射光比较柔和悦目，可以烘托出温和的气氛。间接光顶棚本身丰富的细节与周围的装饰风格应该完美地融为一体。间接光顶棚常常被用于卧室来制造浪漫；用于门厅则感觉壮观；用于走道则强化视觉效果；用于餐厅则营造气氛。由于向上照射的光线使得顶棚看起来更高，所以间接光顶棚适合于层高较低

传统家庭照明为了烘托环境和营造气氛　　　　　　　　餐厅室内人工照明与自然采光

的房间。为了使照明效果达到最佳，间接光顶棚至少应该安装在距离顶棚15厘米以下。

照明不仅能给一间房子带来光明，它还是烘托环境、营造气氛的魔棒。照明可以让房间亮而无形，也可以让房间温馨舒适，或者强调某个亮点，总之它要使一套房子变成为这个地球上你最爱的地方——家。一个可爱的家至少应该包括三种照明方式：

① 背景照明（又称环境照明） ●●●●○○○○

起整体照明作用，它通常来自于灯棚灯具，灯棚灯具包括枝形吊灯、轨道射灯和嵌入式筒灯等。对于白昼时间，透过天窗和窗户照射进来的自然光成为主要的背景照明。

② 工作照明 ●●●●○○○

专门为某一特定功能需求而设计的照明，例如阅读、烹饪和某些个人爱好等。吊柜下面的灯管、台灯和梳妆灯都属于工作照明灯具。

③ 重点照明 ●●●○○○○

目的在于引导人们的视线去关注某件特殊的建筑构件，或者是某件独特的艺术品。它起到引导和强调的作用，有时候只是纯粹的装饰性作用，壁灯和射灯均属于这一类。

充满魅力的房间就是由这三种照明方式照亮着，它们以均衡的照度散布四周，并且以高低错落的形式组合搭配。当然，房间越大，需要的照明越多。关于家庭室内照明的设计方法，还有几条建议可供参考：

（1）**均衡的照度是家庭照明的原则。无论是以何种方式去组合重点灯具，嵌入式灯具、筒形灯具、壁灯还是台灯，它们都应该均衡地照亮每一个角落，而不应该留下明暗不一的败笔。**

（2）**调光器是某些装饰设计师成功的秘诀。它既可以制造某种戏剧般的效果，又可以节省多达25%的电能，并且延长了灯泡的使用寿命。它还能够自由地选择期望的空间氛围，从热烈的派对到幽静的夜晚，一切均在调光器的掌握之中。**

（3）**工作照明是背景照明的补充，也是局部的强调，它还兼具装饰品的作用，所以工作照明应该成为整体家居设计的一部分。**

照明的效果取决于灯泡、灯罩、方向和位置。例如饰珠或者水晶切割的台灯罩能够让光在墙壁上产生星光璀璨的迷人效果，如果换成布艺灯罩，则会产生完全不同的感觉。自然光能够改变整个房间的气氛，一间洒满阳光的房间可以使人心情愉快。当然，光线必须

走道里的间接光顶棚

均衡的照度是家庭照明的原则

适可而止，有时候需要用窗帘或者百叶窗来调节日光，从而满足眼睛的舒适度。

透过灯罩的光线看起来要柔和许多，而灯罩的颜色决定了视觉上冷、暖的不同感觉。需要注意的是，不要让阳光直接照射在家具、地毯和艺术品上，以免造成无法挽回的损失。

还有一种光源是火光，它可能来自于壁炉或者是蜡烛。因为它们闪烁摇曳的火焰使房间充满温暖、浪漫与生气。现在已经有一种仿烛台的台灯，能产生类似效果。

好的家居照明设计使人精神愉快、放松；差的家居照明设计使眼睛感到疲劳和紧张，不是昏暗无光，就是闪亮刺眼。有一条实用经验：深色的色彩吸收光线，因此需要更多的照明来满足照度；反之，浅色的色彩反射光线，因此需要的照度就会低得多。由此可见，室内的主色调决定着照度的高低。

客厅的照明是全家照明的重点，不仅要光线充足，而且需要暗光与亮光交替混合使用，既适合古典风格，也适合现代风格。事实上，照明的组合与配件能够让客厅焕然一新。

大部分情况下，人们只需要用到环境照明或者工作照明。然而，最佳的照明效果往往是这二者的组合应用。环境光可以来自于壁灯和顶部吊灯的组合，这也是最经典的照明组合。尺寸小巧、低调的工作灯具会让房间看起来更加井井有条。

另外一个重要的因素是客厅的方位，日光充足的客厅因阳光明媚而显得充满活力。所以宽大的朝阳窗户必不可少，它能够使客厅更有时代感。加上一层薄纱帷帘会让洒落的阳光更加温柔、曼妙。

在客厅里悬挂枝形吊灯早已过时。事实上，点亮的枝形吊灯让人眼睛难以适应。尝试使用壁灯，或者是沿墙壁的间接照明，它们会让客厅显得更加整洁、流畅，也可以考虑使用嵌入式灯具。

适当的点缀射灯，能够使客厅显得更富创意和更有个性。那些画作和雕塑会因此而引人注目。

为了避免中心灯的强烈眩光，并且让整体照明生动活泼起来，可以考虑组合使用筒灯、日光灯或者卤素灯。除此以外，落地台灯、背景光、调光器、隐藏式工作灯、台灯和其他灯具都是客厅照明灯具的选项。

很多时候，人们发现买回家的家具不如产品宣传画册上的图片好看，其差别往往是由光线造成，因为家庭的照明不如商品拍摄时的照明那么专业。

室内照明小贴士

（1）尽量扩大窗户的尺寸，让自然光照亮房间的每一个角落。

（2）确定自然光的路径和方向，确定太阳光升降时间与窗户的关系。

（3）布置家具的时候充分考虑自然光，自然光使家具显露出其自然的色泽。

（4）把人工光射向顶棚，从而制造反射光，产生更柔与令人愉快的光影。

（5）尝试给窗户设置一点艺术玻璃，或者是格栅，让自然光在透过它们的时候产生更丰富的光影。

（6）如果可能，最好选择组合门窗，因为它们能够给房间带来最大限度的自然光。增加自然光对健康的益处也是显而易见的，它不仅使色彩更加鲜活亮丽，而且能够振奋精神，扫除低落、压抑和忧郁的情绪。

（7）白昼漫射光的效果非常奇妙，用透光的纱帘或者遮阳帘比传统的窗帘和百叶窗效果更好。

室外照明

Outdoor Lighting

室外照明按照功能主要分为两大类：①为花园小径照亮道路，同时也为夜幕下的花园增添光彩；②使人们在户外露台上闲坐交谈时不至于在黑暗中进行，起装饰与强化花园的作用，也创造了某种家庭的温馨气氛。

考虑家庭室外照明的第一步是根据自己的需要来确定它们的功能。经常会在花园办聚会，还是偶尔办聚会，或者只是喜欢自己一个人独步小径散心赏花，这些因素都决定了灯具的位置、高低和式样。为安全起见，那些有高度变化的踏步和边沿，陆地与水域交界处，或者看不清的转弯处，均需有专门照明。为了让家在夜晚另有一番魅力，往往会在大门两侧和主要外墙设置灯光照明。

①

为了让户外用餐或者户外烧烤更有乐趣，通常会用点光线和立柱灯组合营造出愉快的气氛。为了让某株造型独特的植物在夜晚依然具有吸引力，可以用户外射灯从下往上照射在树的主体上。如果花园里有水景，还可以安装水下射灯或者彩灯，让星空下的水波纹发出绚丽多彩的光芒。

固定的室外灯具成本最高，但是照明效果也最好。控制开关可以放在室外，也可以装在室内。一个好的室外照明设计需要综合考虑花园的布局特点、总的资金投入和花园主题

②

③

等因素。花园的迷人效果是所有投入的最好回报。

常见的固定户外灯具主要是地面灯，它的用途是照亮道路、花槽、路沿和花坛等。那种像路灯一般的户外立柱灯需要用混凝土做柱基才能固定牢靠，它使花园散发出正式与富贵的气质。

如果你有一些格栅或者篱笆，想把它们的周围照亮，最好用点光带。点光带装和取都很方便，也非常适合节日气氛里花园和房屋的户外装扮。

如果花园四季阳光灿烂，可以考虑节能又漂亮的太阳能室外灯。太阳能室外灯有固定和活动两种，它们款式繁多，既节约了能源，又美化了花园，是一种非常值得推荐的室外照明方式。点光带最便宜，安装也很方便。太阳能室外灯价格稍贵，但是最有效。

如果要在花园里举办家庭派对，为了营造更热烈、活泼的气氛，提奇火炬（一种燃油的长柄火炬，可插入泥土里或者固定物上面）是一个不错的选择，不贵也不需固定，具有浓烈的热带风情，但是必须特别注意安全。

如果你有花园遮阳伞，可以考虑用伞灯，它们通常固定在伞的骨架上，适合于给伞下的桌子直接照明，效果很不错。

源自中国的灯笼让人感觉舒适、祥和。灯笼既可以串联起来形成一条线，也可以单独悬挂制造视觉焦点。那种桌面灯笼可以直接放在桌子上，很适合于营造户外用餐的愉快气氛。

如果自己不具备基本的电工知识，建议请专业人士设计和安装复杂的室外灯具。

①～⑤ 室外照明

古典灯具种类

Classic Lighting Types

温故而知新，认识和了解古典灯具的式样有助于我们学习和掌握美式风格室内装饰，同时也能够帮助我们提高家庭装饰当中对灯具的选择与鉴赏能力。尽管今天的灯具式样已经发生了翻天覆地的变化，但是很多经典的灯具却永远不会失去其永恒的魅力，并且仍然被广泛地应用着，如枝形吊灯和台球灯等。

直柄式台球灯——顾名思义，是一种台球桌专用灯，但是放在厨房的岛柜和台面上方同样合适。适合用于台球室、酒吧和餐厅。

直柄式台球灯

碗形吊灯——这种灯有3~4条挂链或者直杆从顶棚垂吊下来，通常用重力钩与碗形灯罩连接。适合用于门厅、家庭厅和餐厅。

碗形吊灯

枝形吊灯——它是许多从天花垂吊下来的灯具的统称,一般带有多个臂杆和灯头,与碗形吊灯有几分相近。适合用于客厅/家庭厅、卧室和餐厅。

枝形吊灯

平壁灯——靠近天花或者墙壁的一种灯具,开口与接近面平齐,没有连杆或者臂杆与插口连接。适合用于厨房、浴室、过道和辅助性房间。

平壁灯

吊灯——通常只有一根吊杆或者吊链从天花垂吊下来,并且只带有一盏灯具。适合用于餐厅、酒吧和厨房。

吊灯

平顶灯——通常有一个大大的灯罩遮蔽住接线盒，里面至少有两个灯泡。适合用于门厅、客厅/家庭厅和卧室。

平顶灯

壁灯——所有固定在墙壁上的灯具统称，也有人认为它只是指钉在墙上的壁烛台托架。适合用于浴室的镜子两旁、卧室的床头两旁、过道、楼梯间和入户门两旁。

平顶吊灯——这种灯具是在平顶灯的基础上增加了吊链或者吊杆，将平顶灯与接线盒连接起来。适合用于客厅/家庭厅和浴室。

壁灯

平顶吊灯

枝形吊灯、壁灯、台灯、吊扇

Chandelier, Sconce, Lamp Ceiling Fan

① 枝形吊灯 ●●●●●○○○

最早的吊灯出现在中世纪的聚会场所，用铁链或者是绳索悬吊的十字形木架上面有尖刺用来固定蜡烛。以戒指或者王冠为原型的枝形吊灯大约出现在15世纪，当然它们是财富与地位的象征。到了18世纪，新古典装饰图案得到广泛应用，铸造金属的技术日趋成熟，铅晶质玻璃广为流行，这时的枝形吊灯成为了日后水晶吊灯的先驱。19世纪煤气灯取代了蜡烛，再后来的电灯又代替了煤气灯；枝形吊灯的式样日趋复杂和精致，在很大程度上，其装饰意义已经超过其实际照明需要。不同的是，今天的枝形吊灯已经从高高在上的神圣位置上走下，到了平民百姓家。

每个人都希望自己的家时尚而又充满个性，也有许多种装饰方法可以达到这一目的，但是没有一种装饰品可以代替枝形吊灯的位置。无论你是想要一个随意的，还是一个充满想象的空间，枝形吊灯的尺寸都必须与房间的大小相匹配；同时也必须与房间内其他的饰品在色彩和式样上协调一致。枝形吊灯的材质包括黄铜、铝合金和铸铁等。

房间的中心永远是眼睛的关注焦点，处于中心位置的枝形吊灯注定要成为房间的主角。无论这是一个复古的装饰风格，还是专门为节日而准备的装扮，为了突出这个主角，

枝形吊灯

我们宁愿去修改房间的主题色调，或者是窗帘面料，而不去轻易改动灯具，因为这样才能体现出主人的品位。

用枝形吊灯来装饰房间的另一大乐趣在于：你能够按照自己的意愿来重新装饰它。例如，想要添加点东方风情，你可以更换灯罩，或者在枝形吊灯上悬挂象征东方文化的大象或者铃铛。过去的枝形吊灯通常悬挂于门厅、餐厅和客厅，而今天的枝形吊灯适合于除了洗衣房和车库以外的几乎任何空间——厨房、书房、卧室、浴室，或者是走入式衣柜等，这要感谢今天丰富的枝形吊灯款式。

用枝形吊灯装饰房间的要点：

吊灯尺寸——吊灯尺寸决定了吊灯与房间的关系和最终结果。过大的枝形吊灯使房间显得拥挤不堪，过小的枝形吊灯则会被房间里其他的照明灯具抢去风头，成为可有可无的摆设。枝形吊灯的直径取决于所在房间的尺寸。假设以英文字母"L"代表房间的长度，以"B"代表其宽度，那么吊灯的参考直径（英寸）=L（英尺）+B（英尺）。例如，12（L）+16（B）=28，那么吊灯的参考直径应该为28英寸。

悬吊高度——吊灯的悬吊高度往往被忽略，不是过高就是过低。悬吊高度应该与房间的高度成正比。需要谨记在心的是：枝形吊灯永远不要压倒房间的其他一切。当枝形吊灯用于门厅时，其底部距离地面的高度不应大于210厘米；当枝形吊灯用于餐厅时，其底部距离餐桌面高度大约在80~90厘米之间，而且其直径应该比桌面宽度少约30厘米。

要想得到一个平衡的照明效果，需要多层次的照明方式。嵌入式和轨道式的点光源适合于特定的饰品；火炬灯和壁灯则将光投射到墙面和顶棚。把枝形吊灯作为房间的中心点，再配合一些辅助灯具，例如壁灯、台灯、单柄吊灯和嵌入式灯具等，一个宽敞的空间感觉是由各种灯具共同营造的。房间顶部的照明原理在于从上往下的投影，或者是四处漫射的光线，通过留下的美妙阴影和模糊界限来改变空间的品质；然后由墙面和顶棚把光线反射回去，完成整个照明过程。

2 壁灯 ●●●●●●●○○○

壁灯的起源甚至可以追溯到人类发现火种并且用它照亮洞穴的远古时期，从此壁灯便与人类的居住生活形影不离。壁灯投射出的光芒照亮着天花或者顶棚，用来强调或者柔化房间的视觉感受，同时它也温和地照亮了空间的下半部。它是那么的柔和、舒适，因为那些刺眼的光束已经被灯罩遮挡住。

在琳琅满目的灯具饰品中，壁灯的魅力远远超过了顶棚灯。夜晚点亮的壁灯有着柔和而又温暖的光影，从不同的高度洒落在房间的某块墙面，特别是在墙面上所产生的如梦幻般扑朔迷离的光斑，让人感到无比的温馨、亲切、迷恋和放松。

今天，无论你是想照亮一所公寓，还是一间乡村别墅，壁灯总能不露痕迹地显现出主人的眼光和喜好。它不仅满足了照明的需要，还是室内装饰的最佳点缀。它既可以魅力四射，又可以温馨可爱；它适合于几乎任何房间。

大致上，壁灯可以分为现代与古典两大类，现代壁灯常用简洁的几何造型，材料以金属和染色玻璃最多见。古典壁灯的类型涵盖了各个历史时期的文化特征。

壁灯可以与镜子或者画作放在一起，也可以单独作为一个视觉元素而存在。无论出于何种目的，选择壁灯的时候均须考虑它与周围整体装饰风格的协调统一。

①～④ 壁灯

❸ 台灯 ●●●●●●●●

面对市场上令人眼花缭乱的台灯款式，有人为作出最佳选择而伤透脑筋，也有人因为个人喜好而挑选台灯，不管它与家里的风格是否搭配。下面列举出挑选台灯的基本原则，以帮助你作出正确和轻松的选择。

尺寸——首先确定台灯与桌子的尺寸是否恰当。一盏台灯必须提供给房间足够的照明度，而不是看起来像是代替了桌子。灯罩和灯座的直径都不应大于桌面尺寸，如果可能，它们应该小于桌面尺寸的2/3，这样的比例比较适宜。

式样——灯座的式样基本分为传统和现代两种，其中传统式样又细分成不同的风格（如维多利亚风格、艺术装饰风格等）和不同的地域（如美国、中国等）。最重要的是任何式样都应与室内装饰风格保持一致，并且灯罩的式样也应与灯座的式样协调。

① ②

颜色——台灯的颜色既可以融入到室内已经相当丰富的色彩当中，又可以醒目突出成为室内平淡单一色调中的视觉焦点。不过注意最好不要让台灯成为唯一的色彩，应该把色彩分配于小块地毯、花瓶或者软垫等配饰品中。

灯罩——尽管在大多数情况下，灯罩与灯座是配套销售的，但是我们有时仍需要为了达到某种特殊效果而专门挑选灯罩。同样地，我们需要考虑灯罩的式样、颜色、尺寸、材料和图案这几个方面。

首先，我们要注意过小的尺寸容易让人忽略其存在，但是过大的尺寸则看起来有些危险。一般来说，灯罩的高度不应超过台灯高度的1/3。

其次，灯罩的式样应该与室内的装饰风格保持一致。例如在浪漫的卧室里面，选择坠有饰珠的灯罩看起来更加充满情趣；而镀铬的新台灯配上玻璃灯罩则与现代感十足的公寓相得益彰。

最后，灯罩的颜色应与室内装饰的整体风格协调统一。

④ 吊扇 ●●●●●○○○

最早在美国使用的水力吊扇大约出现于19世纪的六七十年代，电动吊扇则出现于19世纪的80年代。到了第一次世界大战时期，吊扇的扇叶由原来的两片增加为四片，这样就大大地提高了其工作效率。直至20世纪的20年代，吊扇已经进入到美国的千家万户。虽然后来又几经波折，但最终吊扇又重新回到了美国

③

家庭之中。

20世纪50年代最为流行的吊扇为铸铁吊扇，第一个铸铁吊扇就是为住宅而制造。直至今天，我们依然能够看到那个时期制造的铸铁吊扇在工作。由于70年代的能源危机，接下来最流行的吊扇是堆栈马达吊扇，它的扇叶最初是安装在中心的轮毂上，称做"飞轮"；后来演变到安装在发动机的外壳上。

④

①—③ 台灯
④ 儿童吊扇
⑤—⑥ 吊扇

随着新式样和新技术的不断推陈出新，吊扇，这一兼具功能和装饰作用的家用品又焕发出新的生命力。当代吊扇的类型共分四大类：现代吊扇、热带吊扇、装饰吊扇和儿童吊扇。当夏日来临的时候，所有人都在寻找能够让室内更凉爽的方法。吊扇不仅能够有效地降低室内温度、改善室内空气流通，还远比空调节约用电。虽然吊扇并不能直接降温，它的工作原理只是搅动空气，产生空气的对流，从而带走热气，但是这样已经让人感到舒适许多。

运用吊扇装饰的几点建议：

①有的吊扇是通过U形挂钩与吊扇链条连接，不过更稳定的悬吊方式是从顶棚与吊扇垂杆直接连接起来。

⑤　⑥

热带吊扇

现代吊扇

装饰吊扇

②有几种控制吊扇转速的方式：墙上的开关、拉线开关和遥控器等，其中以遥控器最为方便。

③吊扇的尺寸与房间的大小成正比，注意吊扇与房间的比例是否适当。

④吊扇通常悬挂于房间的正中央；但是出于安全考量，最好不要安在床位的正上方。

⑤如果房间的光线太暗，可以考虑带有灯泡的吊扇。

⑥如果希望吊扇能够提高房间的装饰品位，应该选择发动机外壳为古铜材质、拉丝钢材、青铜材质、紫铜和木材纹理等；扇叶最好用金属饰边，叶面为仿实木的纹理、编织的竹片、织品，或者是简单的油漆。

⑦有时候为了增强装饰效果，扇叶上面可以添加一点简单的图画，或者图案，但是切忌过多。

⑧安装过高的吊扇，例如有两层楼高，或者是在楼梯间的顶棚，会产生冬天把热气吹下来、夏天把冷气抽上去的效果。

⑨在炎热的夏天，调到低档的空调与吊扇共同工作，效果最好。

白炽灯泡、卤素灯泡、荧光灯管、节能灯泡

Incandescent Bulb
Halogen Bulb, Fluorescent Tube
Energy Saving Light

① 白炽灯泡 ●●●●●●●

白炽灯泡伴随着我们很多人从小到大，这种最早发明的电灯泡因为它的自然、温暖的灯光和低廉的价格而长期作为标准的照明灯泡。而且它比其他类型的灯泡更容易与调光器配合。白炽灯泡的最大缺点就是它的能耗是其他类型灯泡的2~3倍，因此也大大缩短了它的使用寿命（达到1500小时）和提高了使用成本。为了节约日益紧缺的能源，现在已经开始在全球范围内禁用白炽灯泡。

白炽灯泡

② 卤素灯泡 ●●●●●●●

卤素灯泡也属于白炽灯泡的一种，能够产生比普通白炽灯泡更强烈的光芒和更高的色温。卤素灯泡常常用于轨道灯具、现代灯具和嵌入式顶光源。它的使用成本比普通白炽灯泡高很多。

卤素灯泡的使用寿命比普通白炽灯泡长一些（达到2000~2500小时），并且能效更高。卤素灯泡的最大缺点之一是它会产生高温，这让它无法在一些安全度要求较高的空间使用。注意不要用手直接触摸卤素灯泡，或者让卤素灯泡接近易燃物品，不要让卤素灯泡在无人看管的情况下开着。

卤素灯泡

③ 荧光灯管 ●●●●●●●

荧光灯管又称日光灯管，我们更多地在厨房、洗衣房和车库里看到它。事实上，荧光灯管有不同的尺寸和形状。所以，荧光灯管的应用范围比较广。荧光灯管产生大量的白色光而不会产生热量。由于它的使用成本很低而被大量地用于工作区域。

荧光灯管必须与镇流器一起工作，它的使用寿命大大超过白炽灯

荧光灯管

泡，达到25000小时，是目前除节能灯泡外能效最高的灯泡。注意如果频繁地开关荧光灯管会缩短它的使用寿命。

荧光灯管的缺点正是它的白光使它无法产生像白炽灯泡光源那样的自然和温暖；而且它的光线中含有大量对画作有褪色伤害的紫外线。有时候在极冷的情况下还可能打不开。现在人们开始意识到荧光灯管所含有的汞（水银）和磷会对自然环境造成污染，所以，废弃的荧光灯管不要随意扔掉。

还有一种紧凑型荧光灯管（CFL）属于异形荧光灯管，通常为U形或者螺旋形。

④ 节能灯泡 ●●●●●●●●

节能灯泡的能效是目前所有灯泡当中最高的，使用寿命也长得多，而且它不会产生热量。节能灯泡的缺点之一是它的价格比其他类型的灯泡高很多，暂时还不能够全面地推广，但是从长远来看，它从节省的电能当中也节省了大笔的电费。注意节能灯泡也同样含有汞（水银）污染自然环境的问题，而中国还未建立回收机制，所以，废弃的节能灯泡不要随意抛弃。

那种标有"自然光"或者"冷白光"的节能灯泡适合于阅读、室外照明和工作照明，标有"暖黄光"的节能灯泡适合于起居空间或者重点照明。

PART 10

电器设备

Electrical Equipment

　　现代生活离不开电器设备，选择合适的电器设备成为每个现代人都会面临的抉择。大到空调、冰箱，小至炉灶、净水器，它们都决定着现代家庭生活的品质。选择之前需要阅读大量的资料，详细了解每一种电器设备的记录和性能，最后只需谨记一条原则：只买最好的，不买最贵的。

10.1

冰箱、炉灶、洗碗机、抽油烟机

Refrigerator/Freezer
Range, Dishwasher
Range Hood

1 冰箱 ● ● ● ● ● ● ○ ○

　　第一个冰箱的原型于1876年由德国人发明，储藏食物这个曾经令无数人为之伤透脑筋的问题因为这个发明而得到了解决。

　　冰箱或者冷冻箱是家庭中使用频率最高的家用电器之一。目前市场上有三种冰箱可供选择：

　　冷冻箱上置冷藏箱——这种冷藏箱曾经流行过很多年，它的优点是价廉、款式多和可以避免孩子打开冷冻箱。

　　冷冻箱下置冷藏箱——它是在冷冻箱上置冷藏箱的基础上发展而来。因为人们在大部分情况下使用冷藏箱多过冷冻箱，这样的设计比较人性化。它的另一个优点是比较节能。

　　双门冷藏箱——即冷藏箱与冷冻箱各占一边，适合于使用冷藏箱和冷冻箱都较频繁的家庭，而且使用方便，很少需要弯腰拿东西，不常吃的食物可以放在下面。这是一款越来越受欢迎的冷藏箱。

　　在选购冰箱或者冷冻箱之前，必须确定有足够的空间来摆放它。冰箱应该能够轻松地放入预留的空间，在它的周围，特别是后面应该留有几公分的空隙，如此使冰箱产生的热量能够容易散发。

2 炉灶 ● ● ● ● ● ● ○ ○

　　关于燃气炉灶和电炉灶哪个更适合你，有以下几个方面需要考虑。

　　①天然气的价格比电低，长期的使用费用是比较二者的首要因素。

　　②对许多热爱烹饪的人来说，温度控制是必须考虑的因素之一。天然气炉灶的控制显然比电炉灶要清晰得多。比如从烧开到慢煨的过程，电炉灶要耗费更长的时间才能把温度降下来。

　　③电炉灶调控温度的能力比天然气炉灶强，特别是当需要长时间保持温度的情况下。

④天然气炉灶能够马上点燃，比电炉灶要快得多。很多人知道食物在快火上烹饪出的味道比在慢火上烹饪出的味道要好得多。

⑤在停电的情况下，我们仍然可以用天然气炉灶煮饭。但是安全隐患是燃气炉灶的最大缺点，必须小心谨慎地使用它。

⑥很多现代电磁炉表面光洁，易于清理，还能够避免火灾危险。

❸ 洗碗机 ●●●●●●●

最早的手动洗碗机在1850年就发明出来了，不过现代洗碗机是在1920年出现的电动洗碗机的基础之上发展而来的。

洗碗机给我们的生活带来了极大的方便，它已经进入千家万户，尽管仍然有不少人愿意自己动手洗碗。购买洗碗机要考虑厨房的大小、家庭人口的多少，以及使用频率等因素。使用洗碗机最好先把水软化，这样可以避免阻塞并且延长机器寿命。

另外，使用洗碗机时，注意把又重又脏的餐具放在下层；把轻薄的餐具，如玻璃杯等放在上层。这样可以保证清洗的效果和保护机器。

❹ 抽油烟机 ●●●●●●●

保持厨房的整洁和干净不仅使人看起来舒服，而且也会影响到一家人一天的心情。厨

冰箱、炉灶、洗碗机、抽油烟机

房是烹饪和备餐的地方，选择一款合适的抽油烟机是保持厨房清洁的关键因素。现代的抽油烟机不仅可以满足功能上的要求，而且还能满足视觉上的要求，有各种材质和款式的抽油烟机可供选择。

　　柜底抽油烟机非常适合小厨房，它的款式繁多，并且不占地方。悬挂式抽油烟机造型新颖，设计感强，适合于较大和现代风格的厨房。很多人喜欢买那种无排烟管的抽油烟机，它是靠两层过滤网把油烟过滤后又排回到厨房，看起来整洁利索，不过排烟效果不如有管道的抽油烟机。

软水/净水器
Water Softener/Water Purifier

　　软水器大大提高了我们的生活品质，它让残留在瓷砖、瓷器和玻璃上的水渍消失，清洗的衣物和头发更加干净和柔顺。软水器特别为那些以地下水为主要生活用水来源的地区和城市而创造，其实它也适合于软化从当今的河流中抽取的水质。

　　软水器针对全家室内用水，净水器用于饮用水，只针对厨房用水、冰箱制冰用水和冰水。净水器的工作原理是将含钙和镁的"硬水"转变为含钠或者钾的水。不过值得注意的是，约占总人口25%的患有高血压、糖尿病和心血管疾病的人对钠盐的摄入要谨慎。所以，是否可以饮用净化后含钠或者钾的水需要咨询自己的医生。

　　家庭饮用水的净水设备常用反渗透系统，它通常直接安装在厨房的水槽下面。在过去的10~15年间，由于环境与经济的因素，家庭软水器的市场大幅度萎缩。同时，家庭饮用水过滤和净化系统则大幅度攀升。因为越来越多的人意识到钠与健康之间的关联，过去的软水与净水设备也被更名为"全家水处理系统"，其结果是造成设备生产成本的大幅度提高，直接造成了设备售价的飙升。

传统净水器

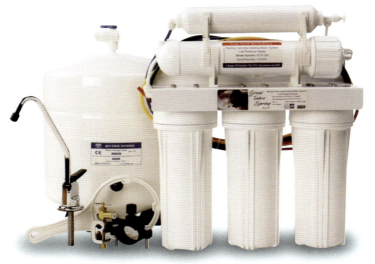

反渗透系统并不是净水器，它是水的过滤系统，可以消除水中的杂质、异味和部分矿物质，但是并不能消除水中的细菌和其他微生物。所以，在购买任何软水/净水器之前应该确定自己和全家的用水需要：是去除化学物、矿物质，还是细菌，或者只是想让水喝上去口感好些。如果只是想让水的口感好些，那么只需要一套活性炭过滤器即可以做到。如果非常担心家庭饮用水的安全，那么反渗透系统仍然达不到饮用水的标准。它的优点包括体积小（可以藏在水槽柜里），只需要每年更换过滤网和膜，它可以与"全家水处理系统"一起使用。它的缺点除了前面所述，还有它在水处理过程中会浪费掉很多水；在更换过滤网和膜之前，水质会变得

传统软水器

越来越差，因为很多细菌和化学物质会破坏过滤膜，而且这些细菌可能会在里面积累。另外反渗透系统只有几年的使用寿命。

蒸馏系统有长达20年的使用寿命，它的体积更小，可以放在橱柜的台板上，而且可以随意移动。蒸馏系统可以去除细菌、化学物质和钠，在处理水的过程中不会浪费水。由于蒸馏系统需要用电把水烧开并凝结，因此它的最大缺陷就是比较耗电。目前的"全家水处理系统"主要与反渗透系统和蒸馏系统配合使用。

空调—采暖、空气净化

Air-conditioning
Heating
Air Purifier

10.3

　　每个拥有住房的人大概都希望自己的家冬暖夏凉，并且能够自己掌控。那么拥有一套空调—暖气系统是再理想不过了。在决定到底是用空调还是暖气系统之前，你需要首先了解以下几点：

　　（1）居住地的气候条件——是否只需要空调或者暖气，还是二者都要。

　　（2）住房的大小——基本上，小房子考虑单体系统，大房子考虑中央系统。

　　新型的空调—暖气系统不仅可以控制温度，而且可以控制空气中的细菌，达到空气净化的作用。很多时候，维护空调—暖气系统的工作也包括更换回风口的过滤网和机器内部的过滤网，后者相对麻烦一点。无论使用哪种能源来维持空调—暖气系统的正常运转，都需要定期检查暖气的线路、加热泵和换热器，以及空调的加湿器、空气清洁系统、控温器和室外冷凝器等。除了按时更换过滤网，定期清洁空调管道也非常重要，否则不仅会提高空调的费用，而且也会降低空气的品质。一些霉菌和灰尘在管道内滋生，成为室内空气的污染源。

　　有多种不同的暖气系统可供选择：

　　强制供暖系统——最常用的供暖系统，工作原理是把烧热的气体通过管道传送到各个房间。它常常被称为中央供热系统。它的能源可以用电、天然气、燃油，甚至丙烷。它供热迅速，控制简便，还可以作为空调使用。

　　辐射供暖系统——老式的供暖系统，工作原理是烧热的水通过管道传送至每个房间。它不能作为空调使用，传热较慢，容易出问题。

　　蒸汽供暖系统——是由每个房间单独的散热器供暖，节省能源，可用电、天然气和燃油，所以节省费用。但是它占用的空间较大，有安全隐患。

　　地热供暖系统——比较新型的供热技术，第一次安装费用较高，但是长期使用费用较低。它的工作原理是利用地下热量的新技术，可以用做供暖和空调。

　　空间加热器——通过燃烧天然气来制热，只适合于小面积空间的供暖，非常节省费

空调挂机与主机　　　　　　　　　　　　　　　　　中央空调主机

用。如果使用不当或不小心，同样非常危险，不适合家庭使用，只适合用于单身公寓。

　　暖气、通风和空调（heating, ventilation, air-conditioning，简称HVAC）保证了家庭室内环境的舒适和卫生。一种混合动力的HVAC设备可以降低能源的消耗。当温度开始降低的时候，HVAC的电热水泵开始工作。当冬天真正来临的时候，燃气炉开始燃烧供热。混合动力HVAC发挥不同能源的最大效率，并且根据室外温度自动控制它们的工作，因此大大降低了HVAC的使用费用。

　　关于空调—暖气系统，我们除了要想尽办法减少能源的消耗之外，还应该注重房屋自身结构的保温—隔热措施，包括房间的布局、墙体的保温处理和门、窗的材料与质量等。如果有顶层阁楼，其顶棚的隔热处理尤为重要。只有将节能与保温—隔热措施结合起来，空调—暖气系统才能够真正发挥其最大功效。

PART 11
室外花园
Home Garden

　　室外空间是室内空间的延续。当人们的生活水准不断提高的时候，他们更希望无须远足也能在自家的后院享受到自然的美景、柔和的微风、清新的空气和温暖的阳光。如果掌握一定的室外花园装饰知识，要实现这一愿望并非遥不可及。花园不在大小，有心则美；水池不在深浅，有情则灵。一个令人印象深刻的花园离不开精心的布局和辛勤的劳动，你洒下的每一滴汗水都会使花园的每一个角落更加春意盎然、生机勃勃。

古典花园
Classic Garden

西班牙殖民者发现加利福尼亚州的气候与其家乡的气候极为相似，英国人与荷兰人在弗吉尼亚州和新英格兰州重新打造了与家乡一模一样的花园。

最早的新教徒们因为反对独裁统治而移居到了美洲这个蛮荒之地，法式花园或者奥古斯都式花园都不适合当时的条件，但是质朴、自然的荷兰式花园受到了青睐。到了19世纪，一种混合式花园开始流行起来，这种趋势一直持续到20世纪初期，混合式花园盛行的时代被称做乡村时代；在美国从事花园设计的职业从此被称做景观设计学（Landscape Architecture）。

❶ 前殖民时期欧式花园 ●●●●●●●

北美对欧式花园一直情有独钟。加利福尼亚州马利布市的保尔·盖提博物馆（J·Paul Getty Museum）有一个典型的罗马庭院式花园。

而迈阿密的威兹卡雅别墅(Villa Vizcaya)则综合了意大利文艺复兴时期的众多花园特征于一体。

有两座修道院花园值得一提：纽约曼哈顿的福特·泰隆公园（Fort Tyron Park）和华盛顿特区的弗兰西斯坎·蒙纳斯特瑞花园（Franciscan Monastery Gardens）。

威兹卡雅别墅

保尔·盖提博物馆

❷ 殖民式花园 ●●●●●●●●●

　　早期北美洲的殖民者来自欧洲几个航海国家：英国、法国、荷兰、西班牙和葡萄牙。加利福尼亚州受西班牙传教士的传统影响大于文艺复兴的影响，法国殖民者热衷于17世纪的巴洛克式花园，而英国和荷兰人则钟情于威廉和玛丽风格。

殖民式花园

❸ 景观式花园 ●●●●●●●●●

　　18世纪的美国，欧式花园成为主流。美国第二任总统托马斯·杰弗逊本身就是一位充满才华的花园设计师，他位于弗吉尼亚州蒙特塞罗庄园的私家花园成为景观花园的典范。

蒙特塞罗庄园

威廉·赫氏城堡　　　　　　　　　　　　　费罗丽庄园

④ 混合式花园 ●●●●●●

　　北美被证明为混合式花园提供了肥沃的土壤。加利福尼亚州圣赛蜜欧的威廉·赫氏城堡是混和式花园的最好例证。

⑤ 意大利复兴式花园 ●●●●●●●

　　大约在18—19世纪，美国人开始喜欢上意大利复兴式花园。加利福尼亚州伍德赛德的费罗丽庄园最为著名的部分就是其意大利复兴式花园。

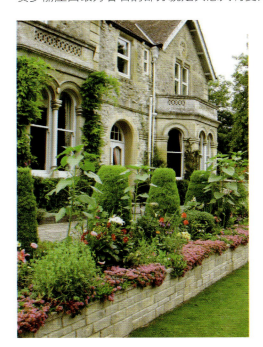

⑥ 花园式花园 ●●●●●●●

　　18世纪早期，J．C．罗顿设计了一种以奇异的植物来构图的造园术，成为美国植物花园的首创者，他创造的花园式样被称为花园式花园。

⑦ 工艺美术式花园 ●●●●●●●

　　在美国有许多专业设计师和业主自己创造的工艺美术式花园。由著名设计师碧翠斯·法伦德设计的华盛顿特区邓巴顿·奥克斯庄园是这一风格的经典之作。

　　另一著名的工艺美术式花园是纽约长岛

罗顿的花园式花园

老威斯特伯瑞花园

的老威斯特伯瑞花园。

⑧ 抽象式花园 ●●●●●●

　　20世纪早期，弗莱彻·斯迪尔对立体派、新艺术运动和装饰艺术深深着迷，他的代表作是位于马萨诸塞州的瑙姆科吉花园。

　　另外两位世界著名的抽象式花园设计师是托马斯·曲奇(Thomas Church)和丹·科利(Dan Kiley)，其中科利设计的加利福尼亚州奥克兰博物馆花园给我们留下了深刻的印象。

瑙姆科吉花园↑
奥克兰博物馆花园→

现代花园
Modern Garden

现代意味着简洁且有秩序，这已成为现代花园的设计指南。因为要简洁，所以现代花园就不能够像传统花园栽种那么多的植物；因为要有秩序，所以就会出现更多的人造物质，如水泥、钢材。现代花园是房屋室内空间的延伸，与室内空间存在着某种内在关联。

现代花园的特征包括：自由的形状，似乎有些混乱的布局，仿佛现代艺术般随意、无规律和非对称，但实际上它们都曾经过事先精心的计划。现代花园的另一个显著特征是材料的应用，包括水泥、大理石、玻璃和钢材等。水泥可以用来制作挡土墙和植物的容器，大理石可以作为墙喷泉的墙壁，玻璃和钢材可以做成雕塑。此外，现代花园特别重视私密性的保护，密不透风的栅栏/篱笆使外人无法轻易地窥视到花园的全貌。

现代花园强调空间，花草植物均被请到了边沿四周，中间保持一个空旷、平坦

现代花园

的空间，仅局部铺设草皮，并且有石材或者木材铺设的路径穿越这一空间。无论石材还是木材，均整齐地排列着。中间偶尔会出现立体状的花槽。所有的形状不是长方形就是正方形。仅有的几盏室外灯具必不可少。墙喷泉作为空间变化的道具以及视觉焦点而被重视，其造型更像是一件现代艺术品而被赋予了更多的内涵和意义。

现代花园不再感性地重复大自然的美，而是用一种理性的思维去创造一件空间艺术品。建造一座现代花园并没有任何固定的模式可循，这里提供的是一般的设计程序和思考内容，它们可以帮助你做出正确的选择，减少犯错。

①将所有的想法列出清单，并把它们在纸上按照大概比例画出平面图，摆布它们的位置直至满意为止。

②使空间看起来更大一点

现代花园

的方法之一是将其进行合理的分割，把不想让人看到的部分隐藏起来；使空间看起来更有趣的方法之一就是不要一目了然，好似人走在小径上，曲折的道路总是能激发人们更大的好奇心。

③使空间看起来更大和更有趣的方法之二：制造两个或者更多的不等高平面，在水平

运动的同时增加垂直运动。

④若想使空间看起来更时尚、典雅和清新，可以控制植物的色彩，并减少材料的颜色。例如，选择同样的花盆、同样的家具和露台木色等。

⑤花园的线条尽量干净、简练，呈几何形图案，避免拖泥带水、繁复累赘；现代花园并不是简陋、无趣，而是清晰、明了。

⑥多参观现代艺术展览，有助于提高个人的艺术修养。许多现代花园的设计灵感也许就来自于某幅抽象画。

⑦作为衬托背景的硬质材料，颜色应该中性、淡雅，这样植物才能更显鲜艳夺目。

⑧学会利用垂直空间，当人的视线往上看的时候，一切都会变得窄而高，上面的天空是无限的。

⑨大胆使用大块颜色的植物远比选用精细变化的同色系植物看起来更有趣和更统一。

⑩一个充满现代感的栅栏/篱笆，会使现代花园显得更明快和整洁。

屋顶花园
Rooftop Gardening

屋顶花园已经成为现代都市居住环境改善的趋势，它已经发展成为当代都市生活的时尚生活方式之一。人们可以选择在屋顶花园欣赏艺术品、聆听音乐、品尝美酒和美食、交友聚会，那里也是儿童娱乐、沐浴阳光和修身养性的最佳场所。这是一个远离城市喧嚣且远离地面的净地。研究显示，屋顶花园还有较好的保温隔热作用。那些愿意自己动手的人们甚至还会在屋顶种蔬菜和水果，得到意外的收获。

由于结构安全缘由，屋顶花园会更多地考虑盆栽花园与其他各种室外木结构的搭配应用，如格架、棚架或者遮阳棚等。盆栽植物可以用不同的容器组合，例如可移动花槽、陶罐、栏杆花槽、装饰性花盆和悬吊花盆等。有必要考虑安装一套自动洒水系统，它可以免除你工作之外的额外劳动。还可以考虑建造水景，如墙喷泉或者陶罐涌泉，甚至建造一个小鸟屋，将你和自然拉得更近。

做出一个令人放松的花园在地面上也许问题不大，但是把花园搬到屋顶、阳台或者平台上面则需要考虑更多的因素，特别是屋顶结构安全和屋面防水问题。

屋顶花园

屋顶花园

　　在把花盆、树木、土壤、家具，甚至喷泉放上屋顶之前，首先应该考虑它们的总重量，并且确定屋顶、阳台和露台的承载力。如果无法确定，应该先咨询有关专业人士。确定承重安全之后，仍然需要减轻重量，不要用诸如水泥制作的花盆这样过重的材料；某些配制的轻质土壤也可以考虑。

　　解决排水是屋顶花园非常重要的问题，所有的花盆都应该想办法与屋面保持一点距离，用砖块或者支架垫高花盆；此外，花盆的底部应该放置一层小石子利于排水。

　　除了重量和排水，还需要考虑植物的选择，其余的方面与在地面造园并无二致。

格架、栅栏/篱笆
Trellises, Fences

1 格架 ●●●●●●●

格架的历史可以追溯到两千年前的古罗马时期。从那以后，格架就经常出现在从皇宫、城堡，到修道院、葡萄园的各个角落，最后进入到寻常百姓家。直至今天，格架依然散发着无尽的青春魅力，激发着设计师的创作激情。

格架的式样远远超出了人们的想象力，它们既可以如屏风一般起遮蔽作用，也可以只是作为花园装饰品起点缀作用；它还可以无限地组合、变形成为多功能的葡萄藤架、休息凉亭、篱笆隔断、玫瑰拱门和攀缘棚架，或者只是某个雕塑或喷泉的衬托背景。

格架的格子图案基本为方形和菱形两种，格子必须与框架固定在一起，或者是固定在墙体和篱笆上。

格架的材料通常为实木和铸铁，铸铁格架比实木格架更经久耐用和结实牢固，同时也更为轻透灵活、千变万化。

任何一道空白的墙体、篱笆、树丛甚至天空，都可以用格架来装饰和美化，使它们成为视觉焦点；就好像在室内挂一幅画，或者一面镜子一样，建造格架无须专业的技术和人力，需要的只是追求美的愿望和动力。

①~②格架　③格架式秋千　④~⑤格架式拱门

①转角格架
②篱笆

❷ 栅栏/篱笆 ●●●●●●●◎⊏

栅栏/篱笆不仅仅是两个宅基之间的分界线，也是花园里的花草免受小动物们侵扰的避风港。其实，栅栏/篱笆的作用还远不止于此，它可以作为遮蔽某些难看设备的屏风，也可以作为划分花园不同区域的分隔线，还可以用作挡风的避风墙，阻挡视线和噪音的屏障，或者只是作为花草的背景衬托等等。当然，栅栏/篱笆本身也可以作为花园的视觉焦点。

栅栏/篱笆因其材质的不同而有着极大的价格差异。因此，需要根据个人的条件和需求来作出最佳的选择。

木质栅栏/篱笆——因其无可比拟的美观价值而成为首选。木质栅栏/篱笆的造型简洁，外观优雅，安装方便。

塑料栅栏/篱笆——使花园看起来更加有格调。塑料栅栏/篱笆模仿木质栅栏/篱笆的构件，其最大的优点在于其超低的维护成本，以及对于自然和动物侵扰的抵抗力。

石材栅栏/篱笆——是花园价值真实感受的有力保证。石材栅栏/篱笆提供了最高的安全保障系数；当然，它只适合于空间足够大的花园。

竹木栅栏/篱笆——是最常见的花园材料之一。在圆满完成划分领域工作的同时，它也保证了低廉的成本和维护费用。

白尖桩栅栏/篱笆——最常见于田园风格的花园里面。白尖桩栅栏/篱笆虽然简单而又俭朴，但是这一点也不会有损于其优雅的外观，而且它提供了一个最清晰的界线。

栅栏/篱笆设计小贴士

（1）首先根据实际场地的尺寸来决定栅栏/篱笆的立面式样，例如立柱的排列距离。

（2）注意虽然栅栏/篱笆可以阻挡冬日里的寒风，但是它也可能产生不利于植物生长的阴影。

（3）选择哪一款栅栏/篱笆取决于其作用和设计者的意图。

拱门、凉亭/棚架

Arches
Arbors & Pergolas

① 拱门 ●●●●●●●

很多人认为没有拱门的花园是不完整的花园，虽然这话并不准确，但是拱门确实能够为花园带来更多的乐趣和视觉焦点，它的式样、尺寸和材料使它能够适用于任何花园。通常人们把拱门作为花园的入口，或者是不同园区的分隔门，引导人们去探究拱门后面的奥妙。在大部分以水平面展开的花园里，拱门提供了一个竖向的视觉元素。对植物来说，成为竖向视觉元素必须要等到成材之后。拱门还提供了一个花园的景框，所以它常常被置于某个景点的视觉延长线上。

拱门、棚架和凉亭都能让花园变得更加有特点，它们让爬藤类植物有了依附的对象，使房屋与花园成为一个整体。拱门的形状一般有圆顶、尖顶和方顶三种，它引导人们从室内走到露台，或者成为某个景点的入口；一排拱门就可以形成拱廊。拱门的材料主要有金属和木材两种，前者经久耐用，后者更显自然，它们都有多种式样可供选择。

值得注意的几个要素：①尺度与尺寸——过大或过小的拱门均是相对于花园本身面积而言。②式样与材料的统一——保持拱门的式样和材料与花园的整体风格一致。③牢固与稳固——确保拱门牢固到足以支撑攀爬其上的藤蔓植物，如藤本月季，使其在风吹雨打的室外屹立不倒。

铁艺拱门

凉亭

❷ 凉亭/棚架 ●●●●●○○○

　　凉亭与棚架是室外花园非常重要的两种木结构，它们既有实用功能又有装饰作用。凉亭是带有拱顶的小型木结构，通常设置于花园的路径或者入口处。凉亭是个相对独立的围合空间，它既可以是个私密性很强的隐僻处，也可以成为花园的视觉焦点。棚架是平顶的木结构，它可以小至覆盖路径，大到覆盖整个平台或者露台。棚架是由多组拱门组合而成，可以是单组花架横跨路径，也可以是双组花架与房屋框架连接在一起形成露台凉棚，还可以单边与墙体或者篱笆相连。

　　人们常常给凉亭与棚架增加坐椅或者秋千，增添花园的乐趣。棚架的顶棚一般除了木梁别无他物遮蔽阳光和雨露，所以有人给棚架局部安装遮阳布或者镀膜玻璃。棚架和凉亭都可以加透明顶盖增加防水功能。它们都可以在其侧面和顶棚安装格架，方便藤蔓植物攀援其上，既可以遮阳也装饰了凉亭与棚架。常见藤蔓植物有铁线莲、金银花和凌霄花等。

棚架

建造凉亭与棚架的材料包括木材、塑料和金属，三种材料各有其优缺点：

①木材是最古老的花园材料，经济实用，可以通过擦色或者油漆与旁边的房屋取得协调。但是木材有易腐烂、生虫和开裂等缺陷，雪松是最理想的花园木材。

②新型的塑料无须油漆维护，造型简洁，现代感强，尤其是白色塑料的木结构更是春夏季举办户外婚礼和活动的最佳色彩。选购塑料凉亭或者棚架前必须确定它是否防紫外线、不褪色和不变色。

③三种材料当中以金属最为经久耐用，它又包含了铁、钢和铝三种金属。虽然它们的表面均经过喷塑漆的处理，但是铁和

棚架

钢仍然可能生锈；只有铝能够避免这个问题，并且结实耐用，无须维护，仿木纹的表面处理使它成为凉亭与棚架的材料新宠。

材料表面的粗、细处理不同会产生乡村和现代两种完全不同的效果。如果用砖或者石材砌筑支柱，再与木顶棚相结合，会使棚架显得更加豪华、气派；当然造价更高，也更经久耐用。拱门、棚架和凉亭都可以现场制作，也可以预制后现场安装。

凉亭通常放在阳光充裕的位置，为植物提供日照。如果是在风口上，则需要靠近墙体、篱笆或者树篱，从而增强其抗风能力。凉亭与棚架的框架都必须考虑到自身和攀缘植物的重量，因为攀缘植物很快就会把框架缠裹住。当人们坐在飘满花香的棚架下面欣赏花园的时候，心情会感到格外的舒畅和平静。

平台

Decks

　　一个好的平台设计不在于是否豪华气派，而在于是否仔细考虑了尺寸、形状、布局和细节等因素，因为只有事先考虑周全的平台才能够让你尽情享受阳光、烧烤和放松。对于木质平台，必须认识到其美观是建立在精心维护之上的，包括染色剂与密封剂的定期应用，没有一劳永逸的平台。

　　一个复杂的平台还可以结合格架、凉亭和棚架等其他木结构一起设计，有人甚至把水疗池也放在了平台上。这样的平台已经超越了普通平台的概念，成为半室外半室内空间，大大地扩展了家居空间的使用面积，也极大地提高了房屋的价值。简单的平台仅仅是一个架空的木结构平台。

　　平台设计的具体考虑因素解析如下：

　　位置——建造一个平台有多种选择。如果想建造一个室外烧烤区，那么靠近厨房是个不错的主意；如果希望早晨起来，泡上一杯热咖啡，躺在椅子上欣赏美景，那么靠近卧室就再自然不过了。然而，平台不一定非要靠近房屋，它可以完全独立于花园中心，创造出一个充满乐趣的新天地。

　　立柱与楼梯——小心地安排平台立柱，避免让其成为底层的通道和视线的障碍。与此同时，仔细思考和确定楼梯的位置，要使上、下层交通合理、畅通无阻。伸出的立柱可以安装庭院灯，或者只是装饰；建议将立柱放在转角处，这样不至于过于醒目。

带棚架的下沉式平台

带玻璃栏杆的平台

私密性极强的平台

大小——多大的平台最合适？平台的大小主要取决于其用途和家具尺寸。在已知家具尺寸的基础上，每个方向各增加约1.8米，这是平台的最小尺寸。如果考虑大型活动，将平台一分为二或者一分为三也许更为合理。建议设计固定的条凳配上野餐桌，这样比整套桌椅更节约空间。不过有一条基本原则就是：避免给一幢不大的房屋配上一个超大的平台，或者给一幢很大的房屋配上一个迷你平台，它们都会让平台失去美感和作用。

式样和形状——一个大平台如果没有其他的小区域，会缺乏亲切感。四方形平台也许看起来比有曲线的平台更正式些；现代平台追求流线型和光滑质感，例如铝材和玻璃等。当然，曲线平台的造价会比直线平台略高一些。在设计的时候，平台的形状应该根据房屋的平面形状和花园的布局来确定。当然，平台的式样也应该与房屋的式样保持一致。

平台栏杆的材质决定了平台的最后效果。想要一个现代感的平台，可以考虑金属铝质栏杆，它质量轻，结实耐用，安装简便，并且形式多样；高分子材料、合成树脂和人工合成材料选择多样，仿真度高，价格也高，经久耐用，强度不够；玻璃栏杆极具现代感，透明或者镀膜，抗冲击，安装简便，无视觉障碍；拉索栏杆牢固耐用，安装简便，视觉效果独特；松木栏杆具有天然防虫和防腐能力，最具自然美，同时也容易染色与平台融为一

平台与阳光房

体；花槽栏杆结合花槽种植花草的功能和本身的防护作用，同时又增添了平台的自然气息，是所有栏杆当中最自然的栏杆式样。如果是个很低的平台，也许栏杆都可以省掉，这样的平台没有视线障碍，看起来更像个露台。

平台设计小贴士

（1）平台的颜色最好与房屋外墙颜色一致。

（2）平台的周围最好种植树木。

（3）条件许可的前提下，可以考虑建造固定式热水浴盆。

（4）平台上可以考虑建造固定式花槽。

（5）平台地板拼图尽量变化多样。

（6）考虑足够的晚间照明，包括楼梯踏步灯。

铺地、露台、挡土墙

Paving, Patio
Retaining Walls

1 铺地 ●●●●●●●●

　　每个人都会为精心布置的花园而由衷地赞叹，并深深地被它所吸引。但是如何省心又省力地维护好一个美丽的花园却是一件让人头疼的事情。铺地是解决这一难题的途径之一，它同时也能大大提高房产的潜在价值。

　　选择的铺地材料应该与整个家园及花园的风格融为一体，打破常规的设计往往会令人眼前一亮。有时候混合不同颜色、材质和形状的铺地材料会创造出令人意想不到的效果。以几何形构图较易得到满意的设计，而且使花园看起来更整齐。花园的道路和小径的设计思路是无止境的，丰富的想象力和创造力能够帮助我们做出更好的方案。

　　花园铺地的石材包括花岗岩、砂岩和石灰岩，虽然它们的成本比之水泥铺地要高些，但是它们给花园所带来的价值却是独一无二的，而且是一次性投资。只要施工得当，它们几乎可以使用一辈子而无须特别维护。

　　预制水泥块是目前较受欢迎的铺地材料之一，原因在于其低廉的成本价格和简易的施工技术；而且其应用范围非常广泛，可以用来建造花坛、划分区域和铺设路径等。

预制水泥铺地砖

预制水泥块铺地

临时性的铺地材料包括木片、碎树皮、砾石、木块，或者甚至就是草皮（要用花坛封边）。它们成本低廉，搬运和铺设都相当便捷，但是，它们需要定期保养和更换，而且都需要封边来保持其稳定性。

设计一条花园小径并非难事，通常是用花洒软管来预先摆放出路径的大小和形状等，这时的确需要发挥你的想象力和创造力，直至满意为止；由此我们可以推算出所需的材料用量。专家建议多买一点石材或者水泥块，这样可以保证将来维修的时候仍然有相同的颜色和款式。

注意任何一种材料铺设的道路和小径都应该具备良好的渗透性，这样能够有效地防止雨水侵蚀，同时保持道路和小径的整洁。所以，一个坚固和夯实的基础必不可少。铺地基础的材料通常为沙子、砾石、石子、道路基层和碎水泥块等，如此才能保证雨水的渗透。

❷ 露台 ●●●●●●●

露台是室外空间的重要组成部分，它打破了室内外空间的隔阂，将二者有机地联合起来。现在越来越多的人希望将室内的厨房拓展到室外，并且希望风格、色调和材料均保持一致。

露台是人们用来招待客人、结识朋友、享受生活，或者只是修身养性的地方；它给室外用餐、散步和展示盆栽提供了一个平整的场地。只要配上几把靠椅或者沙发，再建造一个棚架，它就成了最舒适的室外客厅。

水泥砖铺贴的露台

铺设露台的天然材料通常有砂岩、石灰岩和花岗岩等；人工材料有预制水泥砖、混凝土、黏土砖、瓷砖等。在开工之前制定一项详细、周全的计划是建造一个既美观又实用露台的保障。

首先要确定露台的使用目的和功能，是一个朋友聚会的热闹场所，还是一个僻静的世外桃源？这直接影响到露台的位置、大小、形状和风格等。

如果是聚会的场所，那么它应该与厨房接近；如果是休息养神的地方，那么它应该远离房屋；如果是孩子们嬉戏的乐园，那么它应该尽量避免阳光的直射，而且要考虑遮阳；另外还应该考虑景观，与邻居的距离，以及用灌木树篱和篱笆遮蔽等。

露台的大小一般由参与的最多人数来决定。露台常见的形状有对称、非对称和自由曲线形。

其次是露台的铺设材料，尽量选择与房屋外墙材料相近并且协调的材料。

最后是种植在露台周围的植物。露台只有与植物形成一个整体才是一个完整的花园。选择植物的难度远超过选择铺设材料。也有人喜欢用植物或者盆栽来打破露台的平淡。

除此之外，室外壁炉或者火塘给寒夜带来了温暖；水景给花园渲染气氛，而且阻隔了外面的嘈杂；庭院灯具在黑夜照亮了小径；爬满青藤的格架既遮蔽了烈日，又阻挡了偷窥的视线。

总而言之，露台是家庭生活空间的一部分，那么愉快地做好各项事前的准备工作，这样才能创造出一个充满乐趣的家园。

石材铺贴的露台

石材铺贴的露台

带室外壁炉的露台

③ 挡土墙 ●●●●●●

挡土墙的作用在于防止土壤流失和坍塌，特别是用于难以治理的斜坡。挡土墙能够有效地将花园整理得井井有条，花草树木的生长得以保障。

实木挡土墙砌成的花槽　　　　　　　　　　　　　　石砌挡土墙

　　决定挡土墙材料和技术的因素包括预算、坡度、土质和地下水状况等。建筑法规规定挡土墙的高度超过1.2米就应该由专业工程师来计算结构的安全性。安全隐患通常来自于建造方法不当、排水系统受阻、土壤状况估计不足等。

　　挡土墙的建造材料有枕木、水泥砖、黏土砖和石材等。

　　枕木——一种朴素、粗犷的材料。采用深挖基础和垂直稳定柱对防止其底部位移和顶部倾斜十分有效，同时也要防止白蚁和腐烂。

　　防腐木——外观比枕木要细致一些的材料。面临与枕木同样的问题需要解决。由于它的质量轻于枕木，因此它的结构安全要求和施工难度会更大一些。建议先浇筑混凝土基础与防腐木固定，从而增加其抗倾能力。

　　混凝土——最牢固的建筑材料之一。只要设计合理，可以使用多年而无须维护。同时混凝土的表面可以应用染色、压模、造型、作肌理效果等装饰手段。

　　水泥砖——水泥砖具有丰富的表面肌理和外观形状，非常适合装饰花园。为了使其更为稳固，基础和防水均要做好；对于坡度较大的情况，其背面甚至需要先建造一个混凝土挡土墙，这时的水泥砖就成了纯粹的装饰品。

　　黏土砖/石材——最美观和最传统的挡土墙材料之一。不仅牢固耐用，而且韵味十足。对于大坡度的情况，同样需要先建造一座混凝土挡土墙作为内衬。

室外燃木壁炉令人陶醉，木材燃烧的烟味制造了令人兴奋的气氛；室外燃气壁炉操作方便，使用前后的准备和善后工作也很简单，但是它制造的气氛显然不如燃木壁炉。许多传统的燃木壁炉均可以由专业人士改装成燃气壁炉。室外壁炉的造价和施工难度均远高于前面两种活动壁炉的款式。

许多人认为壁炉是家庭室内空间的装饰主角，却没有想过壁炉也能成为花园露台的装饰主角。室内壁炉给家人伸出温暖的怀抱，室外壁炉就好似房屋的配角，营造出优雅、适宜的户外生活。

室外壁炉是家庭生活空间的延续，它把一个空旷的露台变成了独一无二并且温暖舒适的家庭活动中心；它制造了一个让家人和友朋欢聚一堂、品尝烧烤美味的活动氛围。

在设计一个室外壁炉之前，首先应该向有关部门取得许可。壁炉的式样千姿百态，应该尽量把所有方面都考虑清楚后方可动手，因为一旦建造完毕，任何改动都将会无比麻烦。最流行的室外壁炉材料是自然石材，然而，放眼其他材料（例如耐火砖），也许会有更多的选择和灵感。

设计的时候，要充分考虑自己房屋和花园的大小，没人希望室外壁炉和房屋不相上下；也没人希望室外壁炉占据了大半个花园。房屋的式样和外墙材料直接影响到室外壁炉的式样和材料，注意它们之间的比例关系和整体效果。

室外壁炉不应该遮挡视线和景观，也不应该处于上风口。出于安全考量，它与房屋的距离应该符合相关法规规定。

燃木壁炉和燃气壁炉有不同的外观式样。燃木壁炉主要考虑其安全性，燃气壁炉则要解决其通风问题。最后，围绕室外壁炉的露台和植物的大小和位置都应该由参与的最多人数和家具尺寸来决定。

室外壁炉

室外壁炉的种类 ●●●●●●●

当露台、花架、烧烤炉和桌椅都准备好了之后，选择一款合适的室外壁炉至关重要。室外壁炉分为活动的和固定的两大类，活动壁炉可烧木材和煤块，固定壁炉则烧木材和煤气。选择哪一款壁炉完全在于人们的需要，如果需要一个正式的室外环境，石砌的燃气壁炉既有分量，又操作简便；如果需要制造即兴的气氛，还有什么比燃木的火塘更合适呢？

火塘/篝火——火塘是最简易的室外篝火，固定的火塘一般会有一个较大的圆形火盆，有的用石材围合起来，高于或者低于地面。另外一种活动的火塘用铜或者铸铁制成，下面用支脚架空。火塘既可用来取暖又可用来烧烤，用于烤肉的火塘上面另有网格和盖子。火塘可以放在任何一个人们需要它的角落。

户外炉——户外炉源自西班牙，今天已经成为北美乃至世界上许多地区非常流行的室外取暖和烧烤工具。它的形状基本都是由一个带支脚的开口罐子加上一个烟囱所组成，制造材料通常为铸铁或者陶瓷。户外炉的燃料主要为木材，它的火焰不仅温暖了围坐在它身边的人们，也点燃了人们愉快的心情。

室外火塘

放松地在一个阴凉的水池边休息真是人生一大享受，何况水池边还长满了茂密的多年生和一年生植物；一条小溪跌落入下面的水池里，植物从岩石缝里顽强地生长出来。静静的池塘如同一面镜子，周围的景物倒映其中；春天的花朵，秋日的落叶，无不流连其中不舍离去，默默地目睹着四季的变化。

几乎没有人不喜欢水景。水景让人心境平和、心旷神怡，水景让酷暑变得清凉，水景反映秋日的天空和落叶，水景吸引鸟类来歌唱，哪怕是最温和的喷泉也能淹没远处的嘈杂。水景可以小至陶罐喷泉，大到人造瀑布，或者是一汪池水。无论花园的大小如何，水景总是能让人流连忘返。水景花园是你忙碌一天之后放松心情和重振精神的那片绿洲。在创造这片绿洲之前，你需要确定水景花园的具体内容——是喜欢聆听喷泉那淅淅沥沥的淌水声，还是更愿意静静地观察鱼儿在水草下面自由自在的身影？

水景花园是最具吸引力的花园之一，但是它比普通花园复杂得多，因为它牵涉到水的处理。例如池塘必须由专业人士用专用材料进行防水处理，然后培养水生植物，最后才把鱼儿放入。此外还要确定自己是要一个睡莲池塘，还是混合水草池塘，因为它决定了花园内其他植物的品种。下面是一些常见的水景花园种类以供参考，它们的顺序按照体量大小排列。

❶ 独立喷泉 ●●●●●●●●

独立喷泉可以矗立在花园的任何角落，但是你绝对

① 水景花园
② 独立喷泉

不会忽略它的存在。独立喷泉款式繁多，适应性强，陶罐突泉是最常见的独立喷泉形式之一。一般花园建材商店均有成套的独立喷泉出售，它包括了容器和电动喷水装置等。当然，你也可以选用任何自己喜欢的容器做独立喷泉，只需购买电动喷水装置。

墙喷泉

② 墙喷泉 ●●●●●●●

墙喷泉是一种靠墙或者悬挂在墙壁上的喷泉，常见于地中海住宅的花园或者室内。它的形状各异，可繁可简，建材店也有成套的壁挂式墙喷泉出售。墙喷泉特别适合于小型花园、花园前庭和围合庭院。它可以是一注细流从瓦片上滚落到下面的蓄水池，也可以是砖砌挡土墙上伸出的公羊头吐出的水柱。

③ 容器水景 ●●●●●●●●

容器水景适合于空间有限的花园，它需要一个开敞的露台或者平台，一些可爱的水生植物，以及合适的容器。容器可以是简单的水盆，也可以是大木桶或水缸。其实任何可以盛水的容器都能够利用，比如一只废旧的浴缸、一口注满清水的铁锅，或者一个牲口饲料槽，那些漂浮的水葫芦和水浮莲给它们注入了新的生命。总之，世界上只有人想不到的水景，没有实现不了的水景。容器水景建造简便、维护简单，但是必须保证它们每天至少有6个小时的日照，以利于水生植物的生长。应该把容器的内壁改成黑色或者深色，这样既可防止藻类植物生长，也可增加水的深度。要让水生植物覆盖50%以上的水面，并且在放入水生植物之前应让水在容器内存放1~2天。非藻属植物有助于保持水质的清洁。

④ 抬高水景 ●●●●●●●●

抬高水景通常用水泥砖或者红砖建造而成，可以部分或者全部突出地面。因为体积较大，其水温相对容器更稳定，更适合鱼儿生存。抬高水景适合于比较正规的花园，水池的表面可以用任何喜爱的材料进行装饰，如贴瓷砖或者石片。

水景花园

⑤ 下沉水景 ●●●●●●●●

　　下沉水景是向地下挖出的池塘，一般按照购买的塑料水池形状建造，表面和边缘均用鹅卵石铺贴装饰，是鱼儿和水草的理想生长地。这种塑料水池的模具通常与配件同时出售。如果自己不善于动手实践，可以请专业人士帮助安装。

⑥ 池塘 ●●●●●●●●

　　池塘是不规则的仿自然水塘，它的周围用石块、水生植物和沙砾等装饰成自然形态，它们应该按照从大到小的顺序安置。池塘需要安装雨季溢流管道防止形成小水灾。如果喜欢流水的欢快声，还可以在池塘的边上建造一个小瀑布，让水跌落进池塘；或者在石块叠起的顶端设置梯流装置，形成数个小瀑布。你还可以在池塘中间安装带喷泉的雕像。无论是仿自然的瀑布和水池，寂静的镜面池塘，孩子们喜爱的鱼池，快活的山间小溪，还是布满青苔、淌着小细流的旧陶罐，总有一种水景适合你的花园。

游泳池、水疗池

Swimming Pool
Spa

❶ 游泳池 ●●●●●●

　　每个人都梦想拥有一个属于
自己的游泳池，每个人也都喜欢欣
赏一座漂亮的游泳池，但是很少有
人意识到一个漂亮的游泳池背后需
要付出的脑力劳动，因为这才是决
定游泳池好坏的重要因素。大部分
人都不希望他们的游泳池是用于训
练，而更希望家庭游泳池只是用作
放松和娱乐的场地，特别是对孩子
们来说。

　　家庭游泳池的形状可以是任何
喜欢的形状：圆的、方的，或者任

水疗池

意曲线形的等。游泳池周围还应有足够的休息和娱乐空间。有的人还会在游泳池旁安装一
个按摩浴缸，又称水疗池。

　　设计家庭游泳池还有一个需要考虑的问题就是泳池的深度。想要用于潜水的深泳池，
还是只是玩球的浅泳池。当然，好的游泳池会兼顾这两个方面的需求。深池部分往往安排
在一头或者中间。

　　从安全的角度来说，有些问题必须考虑清楚。比如泳池的边沿在打湿的情况下不能湿
滑，以免发生意外。同时需要考虑泳池边沿的排水系统，不能让泳池边沿产生水洼。

　　一个漂亮的游泳池通常是由漂亮的形状、铺贴的材料和铺贴的图案表现出来。一个漂
亮的游泳池会让整个家居看起来更像是一座度假别墅或者著名豪宅。

　　一个好的游泳池设计应该与后花园的整体设计一起考虑，它是花园的一部分。你也
可以将游泳池作为主角来设计，这时的花园布局、铺地和花架等均围绕泳池来展开。要做
好游泳池的设计，需要花大量的时间阅读相关的书籍和杂志。可以多看一些别人家的游

泳池，或者观看一些有游泳池镜头的电影等来获取一些基本知识。然后把游泳池的使用目的、使用人群的年龄和围绕游泳池的活动形式与内容等统统记录下来，尽量做到不要有遗漏。这个时候，一个最适合自己家庭的游泳池已经出现在脑海之中。

除了游泳池本身的设计之外，位置是一个非常重要的考虑因素。首先不要太靠近房屋。如果放在一棵大树下，看起来很漂亮，清理落叶会成为一项令人头疼的工作。如果放在空旷的场地，私密性又难以保证。

一个好的游泳池设计不仅要选好场地，还要与周围环境融为一体。常见的家庭游泳池形状有两种：对称形状与非对称形状。对称形泳池最容易与周围环境取得协调，其中以矩形和直线形最为常见，无论从任何角度看都有强烈的透视感。非对称形泳池比较有个性，并且可以做出非常自然的流线型，与山貌地形特征巧妙结合；如果用鹅卵石铺贴泳池边壁将产生朴实迷人的效果。

最后一个需要认真考虑的重要因素是泳池的维护。如果选择自己维护但却没时间维护，一个再漂亮的游泳池也会变得让人不想靠近。游泳池的维护需要专业人员来完成，它

游泳池

带水疗池的游泳池

的维护费用是一笔不小的开支。游泳池的维护通常包括两个方面：保持水质的清洁卫生和保证设备与池体一切运转正常，二者缺一不可。

② 水疗池 ●●●●●●●

无论是水疗池、水疗按摩浴缸，还是按摩浴缸，都是指使人感觉舒适的喷射热水的容器，只是每个人的叫法不同而已。现在市场上都有整体销售，只需要现场安装即可。我们要做的只是确定它的位置和大小。

当无法确定自己到底是需要游泳池还是水疗池的时候，一种最新的结合游泳池与水疗池的玻璃钢游泳池—水疗池已经面世。这对既喜欢游泳又热衷水疗的人来说真是一举两得，而且省去了许多建造传统游泳池的麻烦和维护的烦恼。

室外家具
Outdoor Furniture

在看似漫不经心设计的露台之上和壁炉旁边，人们忘情地享受着阳光带来的温暖和花草带来的清香，室外生活是最好的放松和恢复精神的生活方式。在一个空旷的露台或者平台上随意地放上几把室外椅子，它会立刻变得富有吸引力，也能够马上成为室外活动的焦点。作为家庭花园的主角，室外家具首先必须实用、舒适；其次任凭日晒雨淋，依然经久耐用，还要维护简单；最后要容易与周围环境融为一体。

完美的家庭花园离不开室外家具，无论是几把熟铁座椅，还是一张木质躺椅。室外家具包括桌子、茶几、靠椅、躺椅、摇椅、沙发和遮阳伞等。在选择任何一种材料的室外家具之前，需要考虑的因素还包括预算、空间大小和位置、当地的气候条件和维护条件等，因为质量高的室外家具太贵，不可折叠的室外家具太占空间，木质和藤编家具怕水，而且木质室外家具需要定期油漆等。

以下是一些常见的室外家具以供参考。

塑料室外家具——塑料室外家具款式多样，价格低廉，档次较低，清理和维护均简便。

熟铁室外家具——熟铁作为家具材料的历史悠久，它是由铁匠手工锻造而成。熟铁室

铁艺室外家具

木—铸铁室外家具

外家具因其恒久经典的式样和经久耐用的品质一直深受广大消费者的喜爱；它可以独成一景，也可以组成一套，还可以围成一圈。熟铁家具需要简单的防锈维护。

铝质室外家具——铝是当今最流行的新兴室外家具材质，它几乎无须保养，也不怕任何日晒雨淋和自然生锈。它造型简洁、应用广泛、款式丰富、造价低廉、经济实惠、可塑性强、舒适美观。铝质家具质轻耐用，但美感有限。

藤编室外家具——藤编室外家具现在大多由人造藤条编制而成，能够适应任何室外自然环境。它款式多样、高贵典雅、浑然大气、使用舒适、应用广泛。藤编家具需要

铝质室外家具

定期维护，不太适合于干燥的地区。人们更多的时候喜欢把它放在诸如阳光房这样的半室内空间里，添加几块软靠垫，把那里当成家庭第二客厅。

藤编室外家具

木质室外家具——木质室外家具历史悠久、应用广泛、样式丰富、亲切自然、结实耐用，深受大众的喜爱；它能与几乎任何花园风格、装饰材料、主题色调相匹配。松木是木质室外家具中最为流行和最朴实的木种，它易于染色、上漆。柚木是木质室外家具中的佼佼者，它品质优良、高贵大气、经久耐用、木质稳定、天然防腐、耐温耐寒。木质家具需要简单的维护。原产于北美的雪松木质紧密、安全可靠，适合制作

木质室外家具

质朴的乡村风格室外家具。其他适合制作室外家具的木材还有红杉和柳木等，室外家具要求经受住常年日晒雨淋的侵蚀，雪松和柚木成为首选。

盆栽花园
Container Gardening

　　盆栽造园是一件轻松愉快的工作，它无须专业的知识和技术，任何人只要愿意花点时间和发挥自己的创造力，并且希望把自己的花园打扮得更有魅力，都能够很快地改变花园的面貌。

　　在空间狭窄、时间和精力有限的条件下，盆栽能够轻易地获得与地面花园同样的效果。随着经验和眼光的不断提高，盆栽花园的乐趣和魅力完全可以超过地面花园。很多人会花很多时间去淘花盆，事实上，只要装得下需要的土壤，并且排水顺畅，任何器皿都可以用做花盆。

　　永恒的三角造型——与地面植物一样，三角造型最易获得效果；一个较醒目的主体盆栽，或者仅仅是一只大花盆，加上起陪衬作用的小盆栽，就是一个经典的三角造型。注意最好用单数组合。在三角造型的基础上可以尽情地发挥想象力。

　　增加视觉焦点——空无一物和无所适从都是花园的大忌；增加视觉焦点的目的在于吸引注意力、凝聚向心力和确立花园主题，迅速地打破平静的花园是盆栽的拿手好戏。在变换颜色和造型的灵活性方面，盆栽远远胜过地面植物。

　　打破墙面——一片平淡无奇、素面朝天的墙面往往使人视觉疲劳，用一组盆栽可以非常轻松地打破这个局面。它们需要根据墙面的材质、颜色、形状和尺寸进行灵活多变的选择搭配和排列组合；盆栽与墙面已经成为相互依存的一个整体。

　　盆栽花园非常适合于那些租房居住、居住空间有限和没时间打理花园的人；盆栽花园同样适合各种不同的

盆栽花园

盆栽花园

生活方式，也适合初学者和园艺高手。

　　适合盆栽的植物包括花卉、草本植物和蔬菜等；当然，你也可以栽种多年生植物、一年生植物、灌木，甚至是小树。盆栽可以放在任何你可以想到的地方：阳台、露台、平台，或者只是窗台。盆栽花园可以充分发挥你的想象力和创造力。

盆栽花园小贴士

（1）盆栽的位置必须根据植物的需求来决定，最好便于施水和施肥。

（2）盆栽植物的选择必须十分谨慎，考虑的因素包括花期、花色、需水量、日照量等。

（3）植物的大小和数量决定了花盆的尺寸；花盆分为可渗透和不可渗透两大类，陶瓷是最常见的可渗透材质。

（4）合理的排水对于盆栽植物的成活率至关重要，过多或者过少的水分都是植物的大忌。

（5）花盆的材质、形状、大小和颜色决定了盆栽花园的美观，它必须与花园的整体风格协调一致。

（6）每一种植物都有其最适合生长的季节，只要选择和维护正确，就能保持花园四季如春。

阳光房

Sunroom

阳光房是附加在房屋后面或者侧面的增加房间，是用来享受自然阳光、雨露和日月、星辰的室内空间。阳光房还常被看做露台房间，很少有人会不喜欢这个与自然亲近的空间。

阳光房可以用砖头、木材和玻璃等材料来建造。大块的玻璃窗是为了让阳光洒满这个房间。阳光房是由遮蔽门廊和游泳池更衣室演化而来。人们喜欢这种既可以娱乐，又可以休息的半室内、半室外的空间，阳光房因此而变得流行起来。特别是在冬天，阳光房因为白天阳光的照射而变得像暖房般温暖。在比较温暖的地区，阳光房可以成为室外客厅。

建造一个阳光房只需要一个可以照射到太阳，并且靠近房屋的空地。如果再添加壁炉或者按摩浴缸，阳光房可能是你在家里最喜欢待的房间。阳光房还能够大幅度提升房屋

阳光房

阳光房

的价值。如果合理地设计和建造阳光房，它几乎可以全年使用，甚至是在非常糟糕的天气里。事实上，阳光房让你亲身体验到自然界的无偿奉献，而又不用担心受到伤害。

一座设计成功的阳光房很大程度上由玻璃窗的保温隔热功能和质量所决定。真空双层玻璃和镀膜玻璃都有助于保证保温隔热。用一种特殊的涂料涂在玻璃窗上有助于阻止灰尘和污渍的积累，从而大大减少了清洁工作。

如何装饰阳光房往往被忽略。首先应该保持阳光房的浅色或者白色基调，这样可以保证最大限度地利用自然能量转换的效率。浅色还有助于将室外自然景观引入到室内；浅色为阳光房提供了一个中性的背景，在这个背景上可以自由地进行个性化的装饰设计。常用的阳光房色彩包括绿色、米白色和淡黄色，也有人用墙绘技术让阳光房看起来更自然。

在阳光房里面增加水的元素让阳光房的光与水取得平衡。水还是能量的源泉之一。最简单的方法是在阳光房里面安装一个小喷泉。那种淅淅沥沥的水声会让阳光房充满活力。

在阳光房里添加有机元素让阳光房与自然更加贴近和更有亲切感。这些有机元素包括藤编家具、竹帘、麦秆或者竹编地垫等。还可以放一张带有乡土气息的原木小桌子之类的物品，为阳光房增添更深层次的文化内涵，同时使其与室外自然环境的关系也更为紧密。

阳光房通常有两大类：三季阳光房和四季阳光房。

1 三季阳光房 ●●●●●●●

顾名思义，一年当中有三个季节可以使用它，只有在最寒冷的季节不使用它。这种阳光房没有家庭气候控制系统，成本也会相对较低。实际上，这种阳光房常常由房主自己完成安装工作，剩下的温度调节工作由可移动电扇、手提式加热器或者是手提式空调来承担。

❷ 四季阳光房 ●●●●●○○○

或者叫做全天候阳光房，家庭原有的空调—采暖系统延伸至阳光房。它与房屋主体结构连成一体，保温隔热能力较强，因此它的造价也较高，需要由专业人员来完成安装工程。

阳光房至少有三面墙由玻璃窗组成，而且顶棚也常常用玻璃覆盖。有时候也可以开几个天窗，这样的阳光房也称做暖房。建造阳光房的传统材料为木材，这样每年都需要重新油漆。新兴的塑料与铝合金材料则省去了这个麻烦，而且也更经久耐用。

阳光房可以是室内空间的延伸。如果是厨房的延伸，它就成了早餐厅；如果是家庭厅的延伸，它就是阅读和休息的好地方；如果是客厅的延伸，它还可以成为练瑜伽的练功房等。只要你愿意，阳光房总能成为家里最惬意的空间。

阳光房地面材料必须承受住水和湿气的侵蚀，如同室外环境一般；阳光房也要承受住日照、寒冷和酷热的考验。建议考虑的材料包括瓷砖、玻化砖、大理石饰面砖和多层实木地板。

[1] Stanley Abercrombie, Sherrill Whiton. Interior Design and Decoration [M]. 6th ed. Upper Saddle River: Prentice Hall, 2006.

er, Chuck Baker. Garden Ornaments [M]. New York: Crown Publishing Group, 1999.

[3] Wendy Baker. The Complete Book of Curtains, Drapes, and Blinds: Design Ideas and Basic Techniques for Window Treatments [M]. New York: St. Martin's Press, 2009.

[4] Steve Bender. Southern Living: Landscape Book [M]. Birmingham: Oxmoor House, 2000.

[5] Better Homes and Gardens Books. Attics: Your Guide to Planning and Remodeling [M]. Des Moines: Better Homes and Gardens, 1999.

[6] Better Homes and Gardens Books. Decorating Kid's Rooms: Nurseries to Teen Retreats [M]. Des Moines: Better Homes and Gardens, 1997.

[7] Julia Bird. Floral House: Simple Designs and Decorations for The Home [M]. San Francisco: Chronicle Books, LLC, 2001.

[8] Carol D Bugg. Decorating: The Professional Touch [M]. Sterling: Capital Books, Incorporated, 2009.

[9] Stephen Calloway, Elizabeth Cromley. The Elements of Style [M]. New York: Simon & Schuster, 1991.

[10] Nina Cambell. The Art of Decoration [M]. New York: Clarkson Potter, 1996.

[11] David M. Cathers, Alexander Vertikoff. Stickley Style: Arts and Crafts Homes in the Craftsman Tradition [M]. New York: Simon & Schuster Adult Publishing Group, 1999.

[12] Diana Civil. Decorating with Fabric [M]. London: Salamander Books Ltd., 1996.

[13] Stafford Cliff. English Style and Decoration: A Sourcebook of Original Designs [M]. London: Thames & Hudson, 2008.

[14] Caroline Clifton-Mogg. French Country Living [M]. London: Ryland Peters & Small, 2008.

[15] Helen Comstock. American Furniture: A Complete Guide to Seventeenth, Eighteenth, and Early Nineteenth Century Styles [M]. Atglen: Schiffer Publishing, Ltd., 2007.

[16] Jeff Cox. Decorating Your Garden [M]. New York: Abbeville Press, 1999.

[17] Treena Crochet. Colonial Style [M]. Newtown: The Taunton Press, Inc., 2005.

[18] William J R Curtis. Modern Architecture Since 1900 [M]. 3rd ed. London: Phaidon Press, Incorporated, 1996.

[19] Florence De Dampierre. Chairs: A History [M]. New York: Abrams, Harry N., Inc., 2006.

[20] Domino Editors. Domino: The Book of Decorating: A Room-by-Room Guide to Creating a Home That Makes You Happy [M]. New York: Simon & Schuster Adult, Publishing Group, 2008.

[21] Tessa Evelegh. House Beautiful Design & Decorate: Living & Dining Rooms: Creating Beautiful Rooms from Start to Finish [M]. New York: Hearst Books, 2007.

[22] Chase Reynolds Ewald. The New Western Home [M]. Layton: Gibbs Smith, 2009.

[23] Fine Gardening. Container Gardening: 250 Design Ideas & Step-By-Step Techniques [M]. Newtown: The Taunton Press, Inc., 2009.

[24] Randy Florke, Nancy J Becker. Restore. Recycle. Repurpose: Create a Beautiful Home [M]. New York: Hearst Books, 2010.

[25] Leslie Geddes-Brown. Hallways, Corridors, and Staircases: Developing the Decorative & Practical Potential of Every Part of Your Home [M]. London: Ryland Peters & Small, 2002.

[26] Roger German. Porches and Sunrooms: Planning and Remodeling Ideas [M]. Upper Saddle River: Creative Homeowner, 2005.

[27] Rubena Grigg. New Country Style [M]. Guilford: The Lyons Press, 2004.

[28] Rubena Grigg. Antique Style: Thirty-Five Step-by-Step Period Decorating Ideas [M]. Guilford: The Globle Pequot Press, 2003.

[29] Tricia Guild. Tricia Guild: Colors, Patterns, and Space [M]. New York: Rizzoli, 2010.

[30] Sally Hayden, Alice Whately. Home Decorating Ideas Inspired by Seaside Living [M]. London: Ryland Peters & Small, 2008.

[31] Alexa Hampton. Alexa Hampton: The Language of Interior Design [M]. New York: Crown Publishing Group, 2010.

[32] Cathering Haig. Mediterranean Style: Relaxed Living Inspired by Strong Colors and Natural Materials [M]. New York: Abbeville Press, 1998.

[33] Hilary Heminway, Alex Heminway. Guest Rooms [M]. Layton: Gibbs Smith, 2005.

[34] Leonie Highton. The House & Garden Book of Bedrooms and Bathrooms [M]. New

York: Vendome Press, 1995.

[35] Kate Hill. Spanish Style [M]. New York: Merrell Publishers, 2009.

[36] Susan Boyle Hillstrom. Design Ideas for Bathrooms [M]. 2nd ed. Upper Saddle River: Creative Homeowner, 2009.

[37] Kelly Hoppen. Monochrome Home: Harmony, Balance, and the Elements of Modern Style [M]. New York: Rizzoli, 2002.

[38] Shannon Howard. Southern Rooms II: The Timeless Beauty of the American South [M]. Beverly: Quarry Books, 2005.

[39] Linda Hunter. Southwest Style: A Home-Lover's Guide to Architecture and Design [M]. Lanham: National Book Network, 2000.

[40] Barry Izsak. Organize Your Garage In No Time [M]. Indianapolis: Que, 2005.

[41] Charyn Jones. Laura Ashley Complete Guide to Home Decorating [M]. New York: Three Rivers Press, 1992.

[42] Young Mi Kim. Neoclassical [M]. New York: Sterling Publishing, 1998.

[43] Judith P Knuth. Fireplace Decorating and Planning Ideas [M]. Des Moines: Better Homes & Gardens Books, 2000.

[44] David Linley. Classical Furniture [M]. New York: Abrams, Harry N., Inc., 1993.

[45] Chris Madden, Sarah Elizabeth Palomba. Chris Madden The Soul of a House: Decorating with Warmth, Style, and Comfort [M]. New York: Rizzoli, 2010.

[46] Candace Ord Manroe. The Home Office [M]. New York: The Reader's Digest Association, Inc., 1997.

[47] Charles Mcraven. Stone Primer [M]. North Adams: Storey Publishing, 2007.

[48] Dona Z Meilach. Fireplace Accessories [M]. Atglen: Schiffer Publishing, Ltd., 2002.

[49] Judith Miller. Classic Style [M]. New York: Simon & Schuster, 1998.

[50] Charlotte Moss. Creating a room: A Designer's Guide to Decorating Your Home in Stages [M]. New York: Penguin Group/Viking Studio, 1995.

[51] Barty Phillips. Laura Ashley Decorating with Paper and Paint: A Room-by-Room Guide to Home Decorating [M]. New York: Three Rivers Press, 1995.

[52] Betty Lou Phillips. Inspirations from France & Italy [M]. Layton: Gibbs Smith, 2007.

[53] Alan Powers. Living with Pictures [M]. London: Mitchell Beazley, 2000.

[54] Suzanne Rheinstein. At Home: A Style for Today with Things from the Past [M]. New York: Rizzoli, 2010.

[55] Phyllis Richardson. Living Modern: The Sourcebook of Contemporary Interiors [M]. London: Thames & Hudson, 2010.

[56] Leah Rosch. American Farmhouses: Country Style and Design [M]. New York: Simon & Schuster Adult Publishing Group, 2002.

[57] David Short, Fran J Donegan. Pools & Spas [M]. 2nd ed. Upper Saddle River: Creative Homeowner, 2008.

[58] Jay Silber. Decorating with Architectural Trimwork: Planning, Designing, Installing [M]. Upper Saddle River: Creative Homeowner, 2001.

[59] Tina Skinner. Entertainment Rooms: Home Theaters, Bars, and Game Rooms [M].

Atglen: Schiffer Publishing, Ltd., 2010.

[60] Michael Smith. Michael Smith: Elements of Style [M]. New York: Rizzoli, 2005.

[61] Penny Sparke. The Modern Interior [M]. London: Reaktion Books, Limited, 2007.

[62] Anna Starmer. Color Scheme Bible: Inspirational Palettes for Designing Home Interiors [M]. North York: Firefly Books, Limited, 2005.

[63] David Stevens. Small Space Gardens [M]. New York: Collins Design, 2006.

[64] Gale C Steves. Right-Sizing Your Home: How to Make Your House Fit Your Lifestyle [M]. Halifax: Northwest Arm Press, 2010.

[65] Kathleen Stoehr. The Complete Home Decorating Idea Book: Thousands of Ideas for Windows, Walls, Ceilings and Floors [M]. Ashland: Charles Randall, Inc., 2008.

[66] Barbara Stoeltie, Rene Stoeltie. Living in Tuscany [M]. Cologne: Taschen, 2005.

[67] Sunset Books. Complete Home Storage [M]. Birmingham: Oxmoor House, 2007.

[68] The Best of Martha Stewart Living. How to Decorate: A Guide to Creating Comfortable, Stylish Living Spaces [M]. Birmingham: Oxmoor House, 1996.

[69] This Old House Books. Essential Landscaping [M]. New York: This Old House Books, 2002.

[70] Beth Veillette. Kitchen Ideas that Work [M]. Newtown: The Taunton Press, Inc., 2007.

[71] Bridget Vranckx. Modern Interiors Design Source [M]. New York: Collins Design, 2007.

[72] Randall Whitehead. Residential Lighting: A Practical Guide to Beautiful and Sustainable Design [M]. New York: John Wiley & Sons, Incorporated, 2008.

[73] Bunny Williams. Scrapbook for Living [M]. New York: Harry N., Inc., 2010.

[74] Suzanne Woloszynska. Style for Living [M]. London: Mitchell Beazley, 2000.

[75] Andrew Wormer. Stonescaping Idea Book [M]. Newtown: The Taunton Press Inc., 2006.

[76] Andrew Wormer. Tile Idea Book [M]. Newtown: The Taunton Press, Inc., 2005.

致　谢 Acknowledgements

感谢各位图片作者对本书所做的贡献，凡本书所引用图片的作者，请与作者联系，以便寄发稿酬。来信请附身份证复印件，并标明图片的原始出处、日期。来信请寄：北京通州梨园时尚街区11号楼1021室，邮编101121。

吴天篪

2012年2月